PflegeManagement kompakt

Der Herausgeber

Dr. Christian Loffing, Dipl.-Psychologe, Dipl.-Betriebsökonom, zertifizierter Coach, Trainer und Berater, Fachbuchautor, Lehrbeauftragter der Steinbeis-Universität Berlin, Vorstandsmitglied der Georg-Gottlob-Stiftung in Essen und Leiter des bundesweiten Berater-Netzwerks karrierepflege.de.

Der Autor

Michael Horst, M. A., ist Krankenpfleger und hat an der Ruhruniversität Bochum Publizistik, Kommunikationswissenschaft, Philosophie und Germanistik studiert. Als Chefredakteur leitete er mehrere Jahre Radio c.t. in Bochum. Heute berät er mit einer Kommunikationsagentur Unternehmen im Bereich der internen und externen Unternehmenskommunikation.

Michael Horst

Öffentlichkeitsarbeit

Pflege (in) der Öffentlichkeit

Verlag W. Kohlhammer

1. Auflage 2006

Alle Rechte vorbehalten
© 2006 W. Kohlhammer GmbH Stuttgart
Umschlag: Gestaltungskonzept Peter Horlacher
Illustration: Marcus Splietker
Bearbeitung: Cindy Hofmann
Satz: TypoDesign, Kist bei Würzburg
Druck und Bindung:
W. Kohlhammer Druckerei GmbH + Co. KG, Stuttgart
Printed in Germany

ISBN-10: 3-17-019159-4
ISBN-13: 978-3-17-019159-4

Geleitwort

Öffentlichkeitsarbeit

»Tue Gutes und rede darüber«, so könnte der Slogan für das vorliegende Buch lauten. Gerade im Gesundheitswesen kommt plakative Werbung nicht an. Insgesamt sind dezentere Töne gefragt, um erfolgreich zu »werben«, aber ohne Werbung geht es letztendlich auch nicht. Sie ist eine Überlebensvoraussetzung auch für Unternehmen im Gesundheitswesen. Leiser werben, bedeutet nicht zugleich leichter werben, im Gegenteil: Es müssen andere Instrumente eingesetzt und zu einer symphonischen Harmonie gebracht werden.

Die Hohe Kunst des dezenten Einsatzes der PR-Strategien wird im vorliegenden Buch in ausgezeichneter Weise dargestellt. Beachtenswert ist die Tatsache, dass auch die Öffentlichkeitsarbeit im Krisenfall thematisiert wird.

Nehmen Sie sich Zeit und erweitern Sie Ihr Wissensspektrum durch die Tipps von Michael Horst. Ihr Unternehmen wird durch die Empfehlungen hinsichtlich der Öffentlichkeitsarbeit gewinnen und der daraus resultierende Erfolg wird Ihre Bemühungen der Wissenserweiterung rechtfertigen. Ich wünsche Ihnen nun viel Spaß beim Lesen dieses Buches.

http:\\www.imags.de

Prof. Dr. Peter Dohm
Direktor des IMaGS

Vorwort des Herausgebers

Lieber Leser,

mit der Reihe Pflegemanagement kompakt haben wir ein Medium geschaffen, das Studenten, Weiterbildungsteilnehmern, Beratern und erfahrenen Praktikern gleichermaßen kurze und prägnante sowie wissenschaftlich fundierte und praxisnahe Informationen rund um die Themen Organisation und Unternehmensführung, Personal, Marketing und Strategie, Qualitätsmanagement sowie Finanzen liefert.

Der Ihnen vorliegende Titel »Öffentlichkeitsarbeit« behandelt eine im Gesundheitswesen vernachlässigte Aufgabe. Anders als in vielen anderen Branchen hat man sich in den vergangenen Jahren als Unternehmen im Gesundheitswesen kaum um systematische Öffentlichkeitsarbeit bemüht. Dabei bietet dieser Bereich im Zeitalter des zunehmenden Wettbewerbs eine gute Möglichkeit, positiv auf sich aufmerksam zu machen und letztendlich neue Kunden zu gewinnen. Ein Grund für mangelnde Bemühungen in Sachen Öffentlichkeitsarbeit ist sicherlich in der fehlenden Kompetenz hierzu zu sehen. Kaum ein Unternehmen im Gesundheitswesen kann jemanden beschäftigen, der sich hauptamtlich und professionell mit diesem Thema auseinandersetzt. Wir wollen genau an dieser Stelle Abhilfe schaffen und Sie dazu einladen, Ihre Kompetenz in Sachen Öffentlichkeitsarbeit zu erweitern. Lernen Sie, wie Sie bald Ihre eigenen professionellen Pressetexte schreiben.

Beim Lesen des Buchs wünsche ich Ihnen viel Spaß und hoffe, dass Sie einige Impulse in Sachen Gestaltung von Öffentlichkeitsarbeit gewinnen können.

Dr. Christian Loffing

Charaktere und Unternehmen in diesem Buch

In diesem Buch werden Sie mit fiktiven Personen und Unternehmen konfrontiert, die einen Transfer in die Praxis erleichtern sollen. Verbindungen zu realen Personen und Unternehmen sind nicht gewollt, sondern rein zufällig.

Manfred Gaworski

Geschäftsführer in der St. Johannes Krankenhaus GmbH und Mentor von Herrn Blankmann

Peter Blankmann

Nachwuchsführungskraft in der St. Johannes Krankenhaus GmbH

Elisabeth Reichelt

Pflegedienstleitung in der St. Johannes Krankenhaus GmbH

Andrea Höltken-Schnabel

Stationsleitung in der St. Johannes Krankenhaus GmbH

Bärbel Kaltenbach

Qualitätsmanagementbeauftragte in der St. Johannes Krankenhaus GmbH

Der Transfer der Inhalte in die Praxis erfolgt primär unter Berücksichtigung der folgenden drei Unternehmen:

a) Ambulante Hauskrankenpflege ProCura GbR
   – ein ambulanter Pflegedienst
b) Seniorenresidenz Sonnenstift gGmbH
   – ein Seniorenheim
c) St. Johannes Krankenhaus GmbH
   – ein Krankenhaus

Inhaltsverzeichnis

Kapitel 1:
Pflege in der Öffentlichkeit

Öffentlichkeitsarbeit vs. Marketing

Öffentlichkeitsarbeit ist ein weites und komplexes Arbeitsgebiet. Leider wird Öffentlichkeitsarbeit oft mit Werbung oder Marketing gleichgesetzt oder verwechselt. Öffentlichkeitsarbeit oder *Public Relations* – kurz PR – meint jedoch etwas völlig anderes. Öffentlichkeitsarbeit ist keine Werbung, sie nutzt die Werbung. Wer Öffentlichkeitsarbeit macht, der wirbt auch. Er wirbt um ein ganz besonderes Produkt mit Namen Vertrauen. Vertrauen baut sich in der Regel nicht spontan auf. Deshalb folgen PR-Maßnahmen langfristigen Konzepten.

Public Relations meint weiter die »Pflege der öffentlichen Beziehung«. Es geht um nichts anderes als darum, sich öffentlich zu machen und damit die Öffentlichkeit in die eigene Arbeit einzubeziehen. Wer sich öffnet, dem schenkt die Öffentlichkeit Aufmerksamkeit und Vertrauen.

Realität und Show

Krankenpflege in der Öffentlichkeit bedeutet oft die Pflege in der Krise. Mangels eigener Aktivität – abgesehen von »Schwester Stefanie« und anderen TV-Pflegekräften – wird die öffentliche Darstellung der Pflege oft durch die Medienmacher bestimmt, deren Interesse an der Pflege und ihren Protagonisten erst in Krisensituationen – Lebensmittelvergiftung im Altenheim, rätselhafte Todesserie von ambulant gepflegten Senioren – erwacht.

Sie stehen damit vor der Entscheidung, ob Sie einen Transfer der negativen Darstellungen in den Medien auf Ihr Unternehmen zulassen oder ob Sie für Vertrauen werben wollen? In letzterem Fall muss Ihre Öffentlichkeitsarbeit an Bedeutung gewinnen.

Das Image eines Produktes ist oft entscheidend für seinen Erfolg oder Misserfolg. Ein Supermodel isst Fruchtgummis und verbessert dadurch das Image eines Produktes. Süßigkeiten machen plötzlich nicht mehr dick, weil das Supermodel ja auch nicht dick ist, sondern schön und erfolgreich. Diese Strategie nützt der Pflege nichts. Krankenpflege macht nicht schön und erfolgreich, sondern hilft. Wer sich helfen lassen muss, weiß, nur wenn man jemandem vertraut, kann man sich dieser Person anvertrauen und Hilfe annehmen. Vertrauen ist das Supermodel der Pflege. Doch niemand vertraut jemandem, den er nicht kennt. Wer seine Arbeit nicht offen macht für alle, kommt schnell in den Verdacht, etwas verbergen zu wollen.

Öffentlichkeitsarbeit bedeutet, einen Dialog mit der Öffentlichkeit zu pflegen, Vertrauen aufzubauen, sich miteinander vertraut zu machen.

Öffentlichkeitsarbeit darf kein notwendiges Übel sein, sondern muss als Haltung verstanden werden. Eine lieblos beschriebene Tapetenrückseite – mit Informationen über den eigenen Betrieb – ist auch eine Form von Öffentlichkeitsarbeit. Doch sie drückt noch viel mehr aus: Der Adressat erfährt, dass der Verfasser weder ein Interesse daran hat ihn anzusprechen, noch ihn zu informieren und seine Sympathie und sein Vertrauen zu gewinnen. Der Autor erledigt eine lästige Pflicht. Die Maßnahme muss zwangsläufig ins Leere laufen, Vertrauen kann so nicht aufgebaut werden.

Wer die Adressaten erreichen will, der geht kreativ ans Werk. Er macht sich Gedanken über seine Adressaten. Er »schmückt« sich, damit der Adressat ihn unter den tausend Angeboten entdeckt. Der Autor signalisiert dem Adressaten: »Deine Meinung ist mir wichtig, Du bist mir wichtig. Damit Du Dir eine fundierte Meinung bilden kannst, gebe ich Dir Informationen.«

Öffentlichkeitsarbeit ist keine Nebensache
Besonders für eine Branche, die Serviceleistungen für die Öffentlichkeit anbietet, muss die Public Relations – die Pflege der öffentlichen Beziehungen – Hauptsache sein. Um ihre Ziele effektiv erreichen zu können, muss die Öffentlichkeitsarbeit als wichtiger Bestandteil des operativen Geschäftes anerkannt werden und Bestandteil der unternehmensstrategischen Bemü-

Abb. 1: Öffentlichkeitsarbeit ist Chefsache

hungen sein. Öffentlichkeitsarbeit ist Chefsache. Daher sollte ein PR-Mitarbeiter auch direkt der Unternehmensleitung unterstellt sein.

Lernziele Kapitel 1

Wer Öffentlichkeitsarbeit machen will, sollte die Öffentlichkeit kennen. Dabei ist zunächst das Wissen um sich selbst entscheidend für eine erfolgreiche Öffentlichkeit. Wer sich und seine Ziele nicht kennt, kommuniziert dies auch der Öffentlichkeit. Wer nicht weiß, wer er ist und was er will, wird von der Öffentlichkeit nicht wahrgenommen.

Das erste Kapitel dieses Buches betrachtet die Begriffe *Öffentlichkeit, Unternehmensidentität* und den *Sinn von Öffentlichkeit.* Sie werden nach der Lektüre dieses Kapitels Ihre eigene Position bestimmen können. Aus Ihrer Unternehmensidentität heraus ergeben sich die Merkmale Ihrer Zielöffentlichkeiten, die zu den Themen führen, die Sie für Ihre PR-Arbeit nutzen können.

Input-Check – Wesentliche Inhalte

Die Öffentlichkeit gibt es nicht. Es gibt viele verschiedene Öffentlichkeiten. Auf dem Weg zu den anderen muss man immer bei seiner eigenen Identität beginnen, denn nur wer sich selbst kennt, hat etwas Aussagekräftiges zu sagen. Wer seinen Standpunkt und seine Ziele sieht, erkennt auch seine Öffentlichkeiten. Wer um seine Identität weiß und seine Dialogpartner kennt, der wird auch die Themen für einen Dialog finden. Erst wenn diese Grundlagen des Dialoges geschaffen sind, macht Öffentlichkeitsarbeit Sinn und kann erfolgreich wirken.

Öffentlichkeit ist ein schwer bestimmbarer Begriff. Öffentlich ist beinahe alles, was nicht privat ist. Die Öffentlichkeit ist ein unüberschaubares Netz von Informationskanälen, die sich scheinbar automatisch zu jedem Thema bilden. Dieses Netz entwickelt sich ungeordnet und ohne Zustimmung dessen, den es zum Gegenstand des öffentlichen Interesses bestimmt hat.

Für die PR-Arbeit ist es daher sinnvoll, diese Mischung an unterschiedlichen Öffentlichkeiten nach bestimmten Zielöffentlichkeiten zu unterscheiden, denn der potenzielle Kunde muss anders angesprochen werden als ein Medienvertreter oder Kommunalpolitiker.

Interne und externe Öffentlichkeit
Zunächst lässt sich die Gruppe Öffentlichkeit in eine interne und eine externe Öffentlichkeit unterteilen. Die interne Öffentlichkeit beinhaltet alle Mitarbeiter eines Unternehmens. Die externe Öffentlichkeit meint alle weiteren Gruppen, mit denen Kontaktmöglichkeiten bestehen. Die Vielfalt dieser Gruppen macht eine weitere Unterteilung notwendig. Zur externen Öffentlichkeit gehören

- die Gruppe der Kunden und zukünftigen Kunden,
- die Gruppe der Medienmacher und
- die Gruppe der fachlich oder politisch oder wissenschaftlich orientierten Öffentlichkeit, wie zum Beispiel Politiker, Berufsverbände, Krankenkassen oder Wissenschaftler.

Dadurch entsteht eine viergeteilte Differenzierung von Öffentlichkeit (interne Öffentlichkeit und drei Gruppen der externen Öffentlichkeit). Jede dieser Zielöffentlichkeiten hat eigene Erwartungen. Die Öffentlichkeitsarbeit muss nun auf die jeweili-

gen Zielgruppen ausgerichtet werden, denn nicht jede Zielöffentlichkeit ist auf dem gleichen Weg zu erreichen oder hat
auch den gleichen Interessensfokus.

1.1.1 Die interne Öffentlichkeit

Die interne Öffentlichkeit umfasst alle Unternehmensangehö-
rigen und deren unternehmensbezogenen kommunikativen
Prozesse untereinander. Sie beinhaltet alle Gespräche der Mitarbeiter über das Unternehmen. Ständig tauschen sich Mitarbeiter über ihre Arbeit oder über die Arbeit der Konkurrenz
und über die Qualität der Produkte aus. Die interne Öffentlichkeit zu kontrollieren ist unmöglich. Doch mit einer guten
internen Öffentlichkeitsarbeit können Sie – durch eine trans-
parente Informationspolitik – dazu beitragen, dass sich das
Meinungsbild Ihrer Mitarbeiter synchron zur Unternehmenspolitik entwickelt.

Reminder!
Eine interne Öffentlichkeitsarbeit baut Vertrauen zwischen
der Entscheidungsebene und der Ausführungsebene auf. Sie
motiviert die Mitarbeiter, sich an der Entwicklung der Unternehmensidentität aktiv zu beteiligen. Aktivierte und moti-
vierte Mitarbeiter sind für ein positives Auftreten gegenüber
der Öffentlichkeit absolut notwendig, weil sie die Ziele und
Leitthemen besser mittragen und viel authentischer nach
außen transportieren.

Die interne Öffentlichkeitsarbeit
Öffentlichkeitsarbeit fängt im Betrieb an. Auch um das Vertrauen der Mitarbeiter muss geworben werden. Mitarbeiter, die

auf die Kompetenz der Unternehmensführung vertrauen, tragen die Strategien und Entscheidungsprozesse mit und repräsentieren Vertrauen nach außen gegenüber dem Kunden.

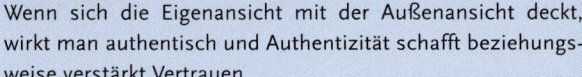

Quick-Tipp!
Wenn sich die Eigenansicht mit der Außenansicht deckt, wirkt man authentisch und Authentizität schafft beziehungsweise verstärkt Vertrauen.

Das Verhalten der Mitarbeiter ist oft wichtiger als ein Bericht in der Zeitung. Mitarbeiter repräsentieren ihr Unternehmen, sie sind Ihre Visitenkarte. Wenn die Mitarbeiter nicht von den Zielen und Richtlinien überzeugt sind, kann ein Unternehmen nicht authentisch auftreten. Die Mitarbeiter eines Unternehmens sind damit immer auch PR-Mitarbeiter, weil sie die Firma in der Öffentlichkeit vertreten. Eine regelmäßige Informationspolitik gegenüber der Belegschaft ist ein bedeutender Punkt für die erfolgreiche Umsetzung des *Corporate Behaviour* eines Unternehmens. Einem Unternehmen nützt eine Unternehmensphilosophie, die sich auf Sorgfalt, Fachkompetenz und Sensibilität begründet, nichts, wenn die Mitarbeiter diese Philosophie nicht vorleben. Ein Mitarbeiter, der nicht sorgfältig arbeitet, dessen Auftreten gegenüber Kunden unsensibel und grob erscheint, dessen Erscheinungsbild alle Grundideen der Hygiene vermissen lässt, schadet seinem Unternehmen. Nur wenn die Mitarbeiter rechtzeitig und umfassend informiert sind, können sie Richtlinien verstehen und befolgen (vgl. Aberle & Baumert, 2002).

Ein Mitarbeiter, dem Ziele und Philosophie eines Unternehmens klar sind, ist motivierter und engagierter bei der Arbeit. Er fühlt sich viel mehr als Teil eines Ganzen, nicht nur als Mittel zum Zweck. Ein informierter Mitarbeiter versteht Zusammenhänge und zeigt sich Veränderungsmaßnahmen gegenüber aufgeschlossener.

Informationen stärken das Vertrauen der Basis in das Unternehmen.

Informationen sind die Grundlage für einen gemeinsamen Weg von Belegschaft und Betriebsleitung.

Eine gründliche Informationspolitik drückt die Haltung eines Unternehmens aus. Diese Haltung wirkt sich auch innerhalb der Belegschaft positiv aus. Gerüchte haben kaum noch Chancen Schaden anzurichten. Betriebliches Wissen wird durch Informationsweitergabe erhalten. Innerbetriebliche Informationen trainieren die Dialogfähigkeiten auf allen betrieblichen Ebenen.

Quick-Tipp!
Eine gute innerbetriebliche Kommunikation hilft im Krisenfall
durch reibungslosere Koordination der Gegenmaßnahmen.

Eine aktive Kommunikationsstruktur stärkt die Identifikation mit dem Arbeitgeber und steigert seine Loyalität. Wer seine Mitarbeiter informiert und sie in die Unternehmensentwicklung einbezieht, muss sich auch für ihre Meinung interessieren. Ein Dialog hat immer zwei Richtungen.

Praxis-Check – Interne Öffentlichkeitsarbeit
Hans-Peter Jakult ist Öffentlichkeitsbeauftragter der St. Johannes Krankenhaus GmbH, er besucht nach Absprache mit Herrn Gaworski (Geschäftsführer) die einzelnen Abteilungen des Krankenhauses und informiert die Mitarbeiter über geplante bauliche Veränderungen. Sie erfahren, dass das Krankenhaus modernisiert werden soll. Ziel der Modernisierung soll eine Angleichung des äußeren Erscheinungsbildes des Krankenhauses sein. Hierzu präsentiert er den Mitarbeitern drei Muster eines Farbkodex. Eins der drei Farbmuster soll die neuen Leitfarben des Krankenhauses repräsentieren. Diese Farben finden sich dann auf dem Logo, den Krankenhauswänden, Briefpapier und der Arbeitskleidung sowie Dienstfahrzeugen etc. wieder. Neben einer Kopie der Farbmuster händigt Peter Blankmann den Abteilungsleitern vorgefertigte Stimmzettel aus, auf denen die Mitarbeiter ihre Wahl zu den Farbmustern abgeben können. Zwei Wochen nach Ablauf der Abgabefrist informiert Hans-Peter Jakult die Abteilungen in einer Hausmitteilung über das Ergebnis des Auswahlverfahrens. Zusätzlich werden die Mitarbeiter darüber informiert, wann welche Abteilung renoviert werden soll und wann die neue Dienstkleidung für die Mitarbeiter eingeführt wird.

Die Mittel der internen Öffentlichkeitsarbeit

Interne Öffentlichkeitsarbeit nutzt verschiedene Kommunikationsmittel. Kleine Unternehmen können noch regelmäßige Belegschaftssitzungen veranstalten, auf denen Neuerungen vorgestellt und besprochen werden. Wichtig ist dabei, eine Atmosphäre des Dialoges herzustellen. Wer seinen Mitarbeitern nur die zehn Gebote vorbetet, wird kaum ein reelles Feed-back erwarten dürfen. Eine Gesprächssituation, bei der die Mitarbeiter jeden sehen können, für eine kleine Erfrischung der Mitarbeiter gesorgt ist und bei der die Mitarbeiter genug Raum und Akzeptanz für ihre Meinung erfahren, ist eine fruchtbare Gesprächsrunde.

Größere Unternehmen müssen dagegen andere Wege der Kommunikation finden, weil es logistisch zu aufwändig wäre, regelmäßig die gesamte Belegschaft zu einem solchen Gespräch zusammenzuführen. Ab einer gewissen Größe geht auch der typische Charakter einer Gesprächsrunde verloren.

Quick-Tipp!
Wichtige Informationen sollten auch immer schriftlich mitgeteilt werden. Das unterstreicht ihre Bedeutung und macht eine Information offiziell.

Ausgewählte Informationsmittel
für eine interne Öffentlichkeitsarbeit
- Mitteilungsblätter zur regelmäßigen Information der Mitarbeiter durch das Management oder einzelne Fachbereiche
- Flugblätter zu akuten Ereignissen
- Ein kommentierter Pressereport mit der aktuellen Berichterstattung über das Unternehmen

- Mitteilungen über eine zentrale Infowand »Schwarzes Brett«
- Eine regelmäßige Betriebszeitung
- Ein Intranet mit regelmäßigen Informationen für die Mitarbeiter

Schriftliche Mitteilungen sollten sich an ihren Lesern orientieren. Die Informationen müssen verständlich und interessant erklärt werden.

Eine Mitarbeiterzeitung kann ein sehr effektives Mittel in der Unternehmenskommunikation sein.

Die Unternehmenszeitung

Eine interne Hauszeitung ist ein wirksames, aber auch ein arbeitsintensives und damit kostspieliges Informationsmittel. Daher eignet es sich nur für Unternehmen einer bestimmten Größenordnung. Eine Hauszeitung soll keine unprofessionelle Schülerzeitung sein und muss damit redaktionell betreut werden, sie muss gedruckt und verteilt werden.

Quick-Tipp!
Binden Sie Ihre Mitarbeiter in die Gestaltung der Hauszeitung ein, häufig helfen Mitarbeiter gerne freiwillig mit. Sie empfinden die Arbeit an einer Hauszeitung als willkommene Abwechslung von der täglichen Arbeit.

Kleinere Unternehmen gestalten keine vollständige Zeitung, sondern können einen Newsletter nutzen, um ihre Mitarbeiter zu informieren (vgl. Kapitel 2 – Newsletter).

Checkliste
Die Unternehmenszeitung
- Informiert über die Geschäftsentwicklung, neue Produkte, Gesetzesbestimmungen, Sicherheitsmaßnahmen
- Stellt neue Betriebsrichtlinien vor
- Erklärt betriebliche Veränderungen oder Neupositionierungen
- Erläutert Maßnahmen zum Corporate Design, Corporate Behaviour des Unternehmens
- Stellt neue Mitarbeiter vor
- Ehrt verdiente Mitarbeiter für ihre Betriebsangehörigkeit oder Verbesserungsvorschläge
- Beinhaltet Mitarbeiterbefragungen zu verschiedenen Betriebsplänen
- Unterhält mit Bilddokumentationen und Erlebnisberichten aus der traditionsreichen Vergangenheit des Unternehmens
- Unterstützt den Leseanreiz mit kleinen Gewinnspielen

Die Mitarbeiterbefragung
Regelmäßig sollte ein Unternehmen auch Mitarbeiterbefragungen durchführen. Mitarbeiterbefragungen sind für moderne Unternehmen ein standardisiertes Mittel der Unternehmenskommunikation.

Checkliste
Nutzen von Mitarbeiterbefragungen
Mitarbeiterbefragungen sind nützlich zur
- Qualitätssicherung (Wo gibt es informative Defizite?)
- Feststellung der Mitarbeiterzufriedenheit
- Feststellung des Unternehmensimages
- Themenfindung für weitere Öffentlichkeitsarbeit

Mitarbeiter sind die interne Zielöffentlichkeit. Sie haben eigene Vorstellungen über das Unternehmen. Außerdem stehen sie im täglichen Kundenkontakt. Eine Mitarbeiterbefragung ist hilfreich, um das Unternehmensimage zu bestimmen. Mitarbeiterbefragungen sind jedoch mit großer Sorgfalt zu planen. Die Mitarbeiter fühlen sich sonst nicht um ihre Meinung befragt, sondern bespitzelt. Die Gewährleistung einer anonymen Beantwortung ist in diesem Zusammenhang sehr wichtig. Nur wenn ein Mitarbeiter keine Angst haben muss, bei negativer Beantwortung persönlich Stellung beziehen zu müssen, wird er ehrlich antworten.

> **Quick-Tipp!**
> Ankreuzfragen sind freien Fragen vorzuziehen, und auf eine Notiz des Namens sollte verzichtet werden. Eine Eingliederung in Altersgruppen sichert im Vergleich zur tatsächlichen Altersangabe ebenfalls Anonymität. Potenzielle Altersgruppen:
> - 20–30
> - 31–40
> - 41–50
> - 51–65

Der Umfang eines Fragebogens sollte nicht über ein bis zwei DIN A4-Seiten hinausgehen, weil die Beantwortungsphase sonst zu lang ist und die Response sinkt. Die Fragen und vorgegebenen Antworten müssen klar und verständlich formuliert sein. Falls Bewertungsskalen benutzt werden, muss auf eine sinnvolle Skalierung geachtet werden. Erfahrungsgemäß bedeutet eine große Skala eine schwierigere Bewertung. Eine Skala von 1 bis 10 eröffnet zu große Möglichkeiten. Fragebogensteller und Fragebogenbeantworter müssen zu lange über eine Wertung nachdenken.

Fragen, die sich durch Ankreuzen in einem Kästchen beantworten lassen, sind schnell zu bearbeiten und vor allem schnell
auswertbar. Vorgegebene Antworten werden auch geschlossene
Antworten genannt. So genannte offene Fragen müssen mit eigenen Worten beantwortet werden. Das kostet mehr Zeit beim
Beantworten und ist komplizierter auszuwerten. Eine Anonymität kann dabei in einem kleinen Unternehmen auch nicht
mehr gewährleistet werden.

Prinzipien der Mitarbeiterbefragung
- Ein Fragebogen sollte stets die Anonymität des Befragten
  wahren
- Die Fragen und Antwortmöglichkeiten müssen leicht verständlich sein
- Die Antworten müssen eindeutig sein
- Ein Fragebogen sollte über ungerade Antwortalternativen
  verfügen, damit sich die Mitarbeiter auch einer Wertung
  enthalten können
- Die Antwortalternativen sollten sinnvoll eingegrenzt sein –
  eine Zahlenskalierung sollte maximal die – aus dem Schul-
  system bekannte – Skalierung 1, 2, 3, 4, 5, 6 anbieten;
  vielfach wird die 6 aus der Skalierung enfernt
- Vorgegebene Antwortmöglichkeiten erleichtern die Auswertung

> **Reminder!**
> Eine authentische Identität fordert sowohl von der Geschäftsleitung als auch von jedem Mitarbeiter eine übereinstimmende Einschätzung von Zielen, Prioritäten und Verhaltensweisen.

1.1.2 Die externe Öffentlichkeit

Die Zielöffentlichkeit der Kunden
Zu dieser Gruppe sind sowohl die Patienten als auch ihre Angehörigen, die Nachbarn, die Kirchengemeinde, eigentlich alle Mitbürger, die auch gleichzeitig potenzielle Neukunden sein können, zu zählen. Diese Zielöffentlichkeit sollte immer im zentralen Fokus der Öffentlichkeitsarbeit stehen, da diese Kerngruppe für die marktwirtschaftliche Entwicklung eines Pflegeunternehmens wichtig ist. Diese Zielöffentlichkeit hat ein PR-Arbeiter auch im Sinn, wenn er Pressearbeit macht, denn die Kunden und zukünftigen Kunden sind auch die Leser und Kunden der Medien, die er mit Informationen beliefert.

Die Zielöffentlichkeit der Gruppe Fach-Öffentlichkeit und Politik
Die Gruppe der Fach-Öffentlichkeit ist eine sehr spezifische Gruppe.

Eine fachlich orientierte Öffentlichkeit gilt immer als besonders kritisch und vor allem als gut informiert. Hier muss die Öffentlichkeitsarbeit besonders gute Arbeit leisten. Die Informationen müssen an das fachspezifische Grundwissen angeglichen werden. Die Themenauswahl sollte bereits die Perspektive eines Fachexperten berücksichtigen. Neben der Kerngruppe der Kunden ist diese Gruppe von großer Bedeutung, denn aus ihr rekrutieren sich die meisten *Multiplikatoren* oder *Opinion Leader*. Das bedeutet, dass die Öffentlichkeitsarbeit nicht hauptsächlich direkt über die öffentlichen Massenmedien wirkt, sondern über verschiedene Mitglieder dieser Öffentlichkeitsgruppe. Hierzu gehören Ärzte, die ihren Kunden ein bestimmtes Unternehmen empfehlen, oder Krankenkassenmitarbeiter sowie Politiker.

> **Quick-Tipp!**
> Politiker stehen besonders gerne in der Öffentlichkeit. Daher sind Veranstaltungen, auf denen sie ihren Auftritt in der Öffentlichkeit haben, besonders beliebt bei ihnen.

Die Zielöffentlichkeit der Medienmacher

Hier lassen sich alle Mitglieder der schaffenden Medien zusammenfassen. Anders als bei den zuvor besprochenen Zielöffentlichkeiten stellt die Gruppe der Medienschaffenden eine Besonderheit dar. Sie tragen die Informationen zu den eigentlichen Empfängern, den verschiedenen Öffentlichkeiten, weiter. Auch Medienmacher wirken als Verstärker von Meinungen. Das darf beim Verfassen einer Pressemitteilung nicht vergessen werden. Jedoch wird ihre Multiplikatorfunktion für kleine bis mittelständische Unternehmen eher überschätzt. Jedoch sorgt ein regelmäßiges Auftauchen in der lokalen Presse für die Steigerung des Bekanntheitsgrades und die Bildung eines positiven Images (vgl. Franck, 2003). Die meisten Anfragen von potenziellen Kunden resultieren aus Mund-zu-Mund Propaganda.

1.2 Der Sinn von Öffentlichkeitsarbeit

»*Gutes tun und darüber reden!*« So knapp und so treffend lautet die Maxime der Werbeprofis.

Das Image eines Unternehmens in der Öffentlichkeit ist abhängig von dem Bild, das die Medien zeichnen. Eine professionelle Medienarbeit ist notwendig und hilfreich, um eine offensive Imagepflege zu betreiben. Denn Öffentlichkeitsarbeit ist das Werben um das Vertrauen der Kunden.

Quick-Tipp!
Offenheit und Transparenz sind die starken Säulen der PR-Arbeit. Dabei ist Diskretion in diesem Zusammenhang kein Problem, wenn dem, der die Informationen nicht preisgibt, vertraut wird. Eine ausgeglichene Balance zwischen Transparenz und Diskretion sorgt für Vertrauen und lässt Pläne, Ziele oder betriebliche Abläufe auch dann unverdächtig erscheinen, wenn sie aus natürlichen Gründen nicht in die Öffentlichkeit getragen werden sollten.

Qualitative Arbeit allein bildet noch kein Vertrauen. Erst wenn darüber gesprochen wird, bildet sich ein positives Image. Doch konsequente Öffentlichkeitsarbeit schafft mehr. Sie unterstützt die qualitativ hochwertige Arbeit und sorgt dafür, dass nicht jeder Fehler den guten Ruf sofort ruiniert.

Reminder!
Konsequente Öffentlichkeitsarbeit unterstützt die Qualität des Produktes und vermindert den Imageschaden im Falle einer Panne.

Öffentlichkeitsarbeit will auf das »Chaos« der öffentlichen Meinung Einfluss nehmen. Dies gelingt ihr durch die gezielte Verbreitung von Informationen. Für den Erfolg ihrer Maßnahmen ist die Wahl des richtigen Ortes und der richtigen Zeit wichtig. Das bedeutet eine konsequente und langfristig angelegte

Planung der Maßnahmen. Gemeinsam mit der Werbung und dem Marketing sorgt die PR-Arbeit für Öffentlichkeit. Hierbei dürfen jedoch nicht die unterschiedlichen Ansätze von Werbung, Marketing und Öffentlichkeitsarbeit vergessen werden. Werbung steht nur in der Verantwortung um das Produkt, Werbung muss/soll verkaufen. Das Marketing kümmert sich um den Kunden. Es reagiert auf seine spezifischen Bedürfnisse. Die PR-Arbeit vertritt ein Unternehmen vor der Öffentlichkeit. Das bedeutet, dass sie Einfluss auf die öffentliche Meinung ausübt, indem sie ein bestimmtes Bild des Unternehmens in der Öffentlichkeit etabliert. Öffentlichkeitsarbeit sorgt dafür, dass die Öffentlichkeit und im besten Fall der Kunde dieses Bild zur Kenntnis nehmen.

Reminder!
Einer erfolgreichen Öffentlichkeitsarbeit gelingt es, dass die Öffentlichkeit das Unternehmen so sieht, wie es gesehen werden will.

PR-Arbeit weckt das Interesse der Öffentlichkeit für die Botschaften, die ein Unternehmen senden will.

Public Relations informieren die Öffentlichkeit über
- Angebotskataloge
- Soziales Engagement
- Prinzipien der Unternehmenspolitik
- Entwicklungen im Unternehmen
- Das regionale Ranking

Ziele der Öffentlichkeitsarbeit

Entscheidend für eine erfolgreiche Öffentlichkeitsarbeit ist auch die Zielsetzung der PR-Maßnahmen. Das Ziel einer möglichst frequenten Präsenz in der Medienberichterstattung kann nur ein vordergründiges Ergebnis sein. Wichtiger sind immer die Ziele, die hinter einer Medienpräsenz zum Vorschein kommen.

Ziele der Öffentlichkeitsarbeit
- Imagegewinn in der Öffentlichkeit
- Vertrauenszuwachs beim Kunden
- Information über Leistungsangebote
- Stärkung der eigenen Position gegenüber den Mitbewerbern
- Steigerung des Bekanntheitsgrades
- Präsentation eigener Argumente

Besonders im Rahmen der Krisen-PR tauchen plötzlich noch weitere Kommunikationsziele auf, die überlebenswichtig werden können (vgl. Schulz-Bruhdoel, 2003).

Ziele der Öffentlichkeitsarbeit im Krisenfall
- Aufklärung und/oder Richtigstellung
- Verständnis in der Öffentlichkeit
- Darlegung der eigenen Handlungsweise
- Widerlegung der gegnerischen Handlungsweise
- Überzeugung von Andersdenkenden
- Unterstützung für die eigene Position

Eine mit Sorgfalt gefasste Zielsetzung schafft Klarheit bei der Suche des geeigneten Maßnahmenkataloges. Darüber hinaus hat man es bei der Präsentation seiner PR-Maßnahmen meist mit professionellen Medienvertretern zu tun, die eine Instrumentalisierung ihrer Person fürchten und so PR-Maßnahmen als Werbemaßnahmen schnell als solche durchschauen.

1.3 Wo fängt Öffentlichkeitsarbeit an?

Die Öffentlichkeitsarbeit fängt immer im eigenen Unternehmen an. Wenn man der Öffentlichkeit ein Bild von sich vermitteln möchte, sollte man zunächst einmal selbst wissen, wie dieses Bild aussieht.

Voraussetzungen für erfolgreiche PR-Arbeit
- Im Unternehmen muss man wissen, wer man ist.
- Im Unternehmen muss man wissen, was man macht.
- Im Unternehmen muss man wissen, was man will.

Jeder Geschäftsführer weiß, welche Firma er leitet und welche Dienstleistungen dieses Unternehmen anbietet. Auf die Frage danach folgen jedoch in vielen Fällen umständliche und langatmige Erklärungen, die unvollständig, unsortiert und somit uninteressant auf Dritte wirken. Die eigene Unternehmensidentität stellt jedoch einen ganz wichtigen Punkt für eine erfolgreiche Öffentlichkeitsarbeit dar. Heute reicht es oft nicht mehr aus, wenn man sich über eine besonders gute Qualität oder eine kundenorientierte Preisgestaltung positiv von seinen Mitbewerbern abheben will. Gerade für die Angebotspalette eines Unternehmens aus der Gesundheitsbranche gilt, dass der Kunde vor allem auch durch Vertrauen gebunden werden muss. Hier spielt die Unternehmensidentität eine große Rolle.

Reminder!
Der Kunde vertraut einem Unternehmen, weil er es kennt.

Corporate Identity – Corporate Design – Corporate Behaviour – Corporate Communications

Die so genannte *Corporate Identity* (Unternehmensidentität) muss von jedem Unternehmen individuell erarbeitet werden. Ist diese Arbeit erfolgreich, so ergibt sich ein aufeinander abgestimmtes Bild von *Corporate Design, Corporate Behaviour* und *Corporate Communications*. Die Identität fängt bei einem einheitlichen Erscheinungsbild an, dem *Corporate Design*.

Zum *Corporate Design* werden z. B. gezählt:
- ein Logo
- eine bestimmte Farbbindung sowie eine festgelegte Schriftart für die Korrespondenz, Werbung auf Kleidung und Fahrzeugen
- die Gestaltung von Rechnungen, Visitenkarten, Katalogen, Homepage, Kleidung nach den vorgegebenen Strukturen
- die Festlegung eines einheitlichen Sprachgebrauches für die Präsentation und Repräsentation nach außen

Die Identität eines Unternehmens prägt sich nur dann in der Öffentlichkeit ein, wenn die Mitarbeiter das *Corporate Design* und vor allem auch das *Corporate Behaviour* und die *Corporate Communications* verinnerlicht haben und zielgerecht anwenden können. Von der Kleidung bis hin zum persönlichen Verhalten und der Sprache repräsentieren die Mitarbeiter die Identität des Unternehmens. Daher ist es von entscheidender Bedeutung, dass die Mitarbeiter in diese Prozesse konkret einbezogen werden (vgl. Förster, 2003).

Praxis-Check – Corporate Identity
In der Ambulante Hauskrankenpflege ProCura GbR leben die Mitarbeiter die Corporate Identity. 80 % der Mitarbeiter sind seit der Unternehmensgründung vor zehn Jahren mit dem Unternehmen verbunden. Sie haben die Philosophie und das Leitbild mit geprägt. Sie haben das Logo mit gestaltet und tragen die Mitarbeiterkleidung gerne, da sie sich mit dem Unternehmen identifizieren.

Reminder!
Die Öffentlichkeitsarbeit vermittelt die Identität eines Unternehmens an die Öffentlichkeit.

Das Firmenportrait
Wer sein Unternehmen erfolgreich in der Öffentlichkeit darstellen möchte, muss zunächst ein ausführliches Firmenportrait entwerfen. Zu einem Firmenportrait gehört all das, was das Unternehmen verkörpert.

Nur wer ein Spezialist seines Unternehmens ist, wird auch als kompetenter Partner von den Medienvertretern wahrgenommen. Wer die Ziele, Fakten und Möglichkeiten seines Unternehmens kennt, kann über seine Firma sprechen. Die Daten eines Firmenportraits bilden die Basis für alle Informationsmittel, wie zum Beispiel eine Pressemappe, die im Layout des *Corporate Design* an die Pressepartner weitergeleitet werden kann.

Ein Unternehmensportrait lässt sich in verschiedene Bereiche unterteilen. Die allgemeinen Fakten zum Unternehmen werden vorangestellt. Angaben über Besitzer, Produkt, Marktanteile, Firmenphilosophie, Firmenhistorie sind allgemeine Punkte, die es in jedem Unternehmen zu beantworten gibt. Wer die Fragen zum Unternehmen kurz und knapp beantworten kann, präsentiert sich als kompetenter Gesprächspartner gegenüber den Medienschaffenden. Die Kerndaten eines Betriebes weisen auf die Schwerpunkte der Firma hin. Die Produktpalette bietet sicherlich Hinweise und Möglichkeiten der Themenfindung für die Öffentlichkeitsarbeit. Die Kundeninformationen helfen, die PR-Arbeit zielorientierter zu gestalten. Die Firmenphilosophie muss an die Zielöffentlichkeiten herangetragen werden. Die Historie eines Unternehmens sowie Größe und Beschäftigtenzahlen sind wichtige Faktoren für die Öffentlichkeitsarbeit (vgl. Schulz-Bruhdoel, 2003). Mit diesen Fakten muss der PR-Arbeiter jonglieren, sie zu spannenden Geschichten zusammenfügen, die er den Medienschaffenden in Form von interessanten Meldungen weitergibt.

Checkliste

- Skizzieren Sie Ihr Unternehmensportrait – Fokus Unternehmen
- Name des Unternehmens?
- Rechtsform des Unternehmens?
- Wem gehört das Unternehmen?
- Wer leitet das Unternehmen?
- Wie viele Mitarbeiter arbeiten für das Unternehmen?
- Welche Produkte/Leistungen bietet das Unternehmen an?
- Welche Kunden hat das Unternehmen?
- In welche Ressorts ist das Unternehmen gegliedert?
- Über wie viele Niederlassungen verfügt das Unternehmen?
- Wie lange existiert das Unternehmen bereits?
- Wie lässt sich die Geschäftsentwicklung der letzten Jahre beschreiben?
- Wie lautet die Firmenphilosophie?
- Welchen Stellenwert hat die Firma innerhalb ihrer Branche? Welche Mitbewerber gibt es?

Das soziokulturelle Umfeld eines Unternehmens ist spezifischer. Hier stehen vor allem Standortfaktoren und Daten über die Akzeptanz des Unternehmens und seiner Leistungen in der Öffentlichkeit. PR-Arbeit ist Imagepflege. Daher sind es besonders die negativen Faktoren, die den Schwerpunkt der Öffentlichkeitsarbeit bestimmen. Durch PR-Arbeit sollten sich diese negativen Faktoren, die gleichsam für ein negatives Image sorgen könnten, ins Positive verändern lassen.

Eine psychiatrische Klinik, die um eine *forensische* Abteilung erweitert werden soll, muss sich der Ablehnung der Nachbarn stellen. Hier muss die Öffentlichkeitsarbeit Aufklärung leisten. Sie muss die umliegenden Gemeinden davon überzeugen, dass die Sicherheitsmaßnahmen lückenlos sind und die Gefahr eines Ausbruchs aus der *forensischen* Psychiatrie ausgeschlossen ist. Darüber hinaus muss die PR-Arbeit Pionierdienste im Sinne der *forensischen* Klinik leisten, muss ihre Bedeutung für eine humane Gesellschaft in der Öffentlichkeit herausheben. So kann sie das Bewusstsein der Nachbargemeinden verändern und einen ständigen Protest der Bevölkerung gegen den Bau dieser Einrichtung verhindern.

Checkliste
- Skizzieren Sie Ihr Unternehmensportrait – Fokus soziokulturelles Umfeld
- Welche Probleme gibt es mit den Mitarbeitern (Lohn, Arbeitszeit, Diensteinsatzpläne, Teilzeitangebote etc.)?
- Gibt es eine Standortproblematik (Lärmbelästigung, Parkprobleme)?
- Welche Schwierigkeiten gibt es mit Behörden, Institutionen oder Bürgerinitiativen?
- Berühren Leistungsfelder sensible Themen (HIV, sexuelle Störungen, psychische Erkrankungen, ansteckende Infektionen, Straftäter)?

Die Kommunikationsstruktur ist gerade für den Öffentlichkeitsbeauftragten ein sehr wichtiger Bereich. Sie gibt Auskunft über seine Arbeit. Anhand der Analyse der Kommunikationsstrukturen kann er seine eigene Arbeitsqualität überprüfen oder kann von seinem Vorgesetzten überprüft werden. Gerade für Öffentlichkeitsreferenten, die neu in ein Unternehmen kommen, ist eine Bestandsaufnahme der bestehenden kommunikativen Strukturen wichtig, um sich schnell in diese Strukturen einzubinden und sie im Sinne des Unternehmens zu ergänzen.

Checkliste

- Skizzieren Sie Ihr Unternehmensportrait – Fokus Kommunikationsstruktur
- Welche Medienberichte gibt es bereits?
- Wie lautet der Tenor der Berichterstattung (positiv – negativ – neutral)?
- Welche Medien berichten über das Unternehmen?
- Wie regelmäßig ist der Kontakt zu den Medien?
- Welche Medien nutzt das Unternehmen (Homepage, Presseverteiler etc.)?
- Gibt es einen Presseverteiler?
- Wer beobachtet den Pressespiegel des Unternehmens?
- Welche Strukturen der internen Öffentlichkeitsarbeit gibt es?
- Gibt es einen regelmäßigen Kontakt zu den Kunden?
- Gibt es ein Corporate Identity (CI)-Konzept?
- Gibt es einen Tag der offenen Tür?
- Werden Symposien oder Kongresse wahrgenommen, um das Unternehmen zu präsentieren?
- Gibt es Image-Analysen?
- Gibt es im Angebotsportfolio aktuell interessante Projekte?
- Welche Werbemittel nutzt das Unternehmen?
- Welche außerbetrieblichen Aktivitäten (Stadtteilfeste, Sponsoring von Vereinen, Informationsabende, Diskussionsforen etc.) präsentiert der Betrieb?
- Sind Mitarbeiter mit Expertenstatus für das Unternehmen tätig?

Die Erstellung dieser Checklisten ist sehr wichtig. Der Öffentlichkeitsbeauftragte erhält dadurch einen genauen Überblick über das Unternehmen. Die Basisfakten helfen ihm, Entwicklungen im Unternehmen zu erkennen und richtig einzuschätzen. Die soziokulturellen Aspekte eines Unternehmens verraten dem PR-Beauftragten die Brennpunkte seiner täglichen Arbeit. An den Problemzonen eines Betriebes muss die PR-Arbeit beginnen. Sie sind häufig die Ursache für ein negatives Image. Die Sammlung dieser Informationen deckt die Lücken in der Unternehmensstruktur auf. Zusätzlich dienen die zahlreichen Informationen als Basis zur Erstellung von ausdrucksstarken Präsentationsmappen. Weiterhin liefert sie bereits verschiedenste Hinweise auf mögliche Themen, die für eine Medienberichterstattung aufgearbeitet werden können.

1.4 Die Themen der Öffentlichkeitsarbeit

Die Themenauswahl
Erfolgreiche Öffentlichkeitsarbeit basiert immer auf einer langfristigen PR-Strategie. Die Medien müssen regelmäßig mit Themen beliefert werden. Ein regelmäßiger Kontakt mit den Medienvertretern schafft ein gegenseitiges Vertrauensfeld, auf das in schwierigen Zeiten zurückgegriffen werden kann. Themen gibt es in jedem Unternehmen genug. Es ist alles interessant, was in einem Unternehmen stattfindet, vorausgesetzt es wird interessant und ansprechend präsentiert.

Potenzielle Themen für Pressemitteilungen
- Unternehmensentwicklung
- Erweiterung der Leistungspalette (z. B. zusätzliches Versorgungsangebot für Kinderkrankenpflege oder psychiatrische Pflege oder Gefäßchirurgie)
- Geschäftsexpansion
- Unternehmensphilosophie
- Unternehmenshistorie
- Strukturveränderungen
- Unternehmensziele
- Unternehmensstellung in der Gesellschaft

- Ethik im Unternehmen
- Besondere Leitlinien

Forschung und Entwicklung
- Erfolge und Auszeichnungen
- Neue Wege und Strategien
- Praktische Auswirkungen von Problemlösungen
- Qualitätsmanagement
- Bildung neuer Standards
- Investitionen in neue Technologien
- Anwendung neuer Methoden

Personalentwicklung
- Stellenentwicklung, Mitarbeiterschlüssel
- Fachliche Qualität der Mitarbeiter
- Mitarbeiterweiterbildung
- Ausbildung
- Stellenabbau
- Qualifizierungsmaßnahmen von Mitarbeitern
- Gesundheitsprophylaxe
- Überbetriebliches Engagement der Mitarbeiter
- Prominenter Besuch in der Einrichtung

Diese allgemeinen Themen sind für die meisten Unternehmen absehbar und daher zeitlich planbar (vgl. Schulz-Bruhdoel, 2003). Das spielt eine wichtige Rolle, denn die Medien sollten ja regelmäßig mit Informationen beliefert werden.

Es ist ratsam, zu Beginn des Jahres eine Jahresplanung für PR-Themen aufzustellen, um eine regelmäßige Produktion an Pressemitteilungen zu gewährleisten. Zusätzlich muss darauf geachtet werden, was in der Öffentlichkeit passiert. Als z. B. im Januar 2004 die Gesundheitsreformen für ein hohes öffentliches Interesse sorgten, war es viel leichter, Informationen zu diesem Thema in den Medien unterzubringen. Auch die Medien schauen auf das öffentliche Interesse und müssen es mit einer möglichst breiten Berichterstattung bedienen. Für ambulante Krankenpflegeeinrichtungen und Krankenhäusern bot sich hier eine großartige Gelegenheit, mit Geschichten um Einzelschicksale oder Berichten in die lokale Presse zu kommen, an welchen Stellen die Reformen mehr schaden als nützen.

Auch die Themenrecherche sollte klar strukturiert und geplant sein.

Checkliste

- Themenakquisition
- Regelmäßige Befragungen von Kunden und Mitarbeitern
- Sorgfältige Beobachtung der Medien und Fachpublikationen
- Kontakt zu den Berufsverbänden

Ein Sonderfall ist die Öffentlichkeitsarbeit im Krisenfall. Hier kommen die Medien von ganz allein und signalisieren großen Informationsbedarf. Oft reicht schon ein unbestätigter Verdacht, um die Medienvertreter zu alarmieren. Das Böse und das Tragische haben schon immer einen besonderen Reiz auf die Menschen ausgeübt. Daher sind Ereignisse, die in diesen Kontext fallen, von besonderem Interesse für den Leser und somit auch besonders für den Medienmacher. Das 4. Kapitel dieses Buches geht ausführlich auf die Öffentlichkeitsarbeit im Krisenfall ein.

Things to do:

Offenheit schafft Vertrauen.

- Der PR-Berater rät: »*Seien Sie offen und authentisch.*«

Wer nicht weiß, wer er ist und was er will, kommt nicht an.

- Der PR-Berater rät: »*Entdecken Sie sich selbst, definieren Sie Ihre Ziele und Zielgruppen, dann finden Sie Ihre Themen.*«

Öffentlichkeitsarbeit findet zuerst bei den Mitarbeitern statt.

- Der PR-Berater rät: »*Interne Öffentlichkeitsarbeit ist immer der erste Schritt, denn Ihre Mitarbeiter sind Ihre PR-Beauftragten. Sie repräsentieren Ihr Unternehmen.*«

Quick-Check – Identität eines Unternehmens

- Wie lautet Ihre Unternehmensphilosophie?
- Welche Unternehmensziele kennen Sie?
- Welche Merkmale Ihrer Corporate Identity kennen Sie?
- Welche Corporate Communications-Strukturen gibt es in Ihrem Betrieb?
- Welche Themen in Ihrem Unternehmen können für die Öffentlichkeitsarbeit genutzt werden?
- Welche internen Mittel der Öffentlichkeitsarbeit werden in Ihrem Betrieb eingesetzt?

Kapitel 2:
Die Instrumente der Öffentlichkeitsarbeit

Die PR-Arbeit muss bei ihrem Gang an die Öffentlichkeit zwei entscheidende Punkte berücksichtigen:

a) Die Information muss im Sinne des Unternehmens in der Öffentlichkeit bekannt werden, ohne den veranschlagten Budgetrahmen zu sprengen.

b) Um möglichst sinngemäße Veröffentlichungen in den Medien zu bekommen, müssen die Informationsmittel auf das Arbeitsinteresse der Medienmacher zugeschnitten sein.

Besonders Journalisten benötigen brauchbare Informationen für ihre tägliche Arbeit. Sie werten die Nachrichten nach den Interessen ihrer Kunden, den Lesern und Zuschauern, aus. Wer Informationen über die Medien verbreiten will, muss ihr Interesse wecken.

> **Pressearbeit muss also**
> - interessant,
> - informativ,
> - aktuell,
> - glaubhaft,
> - verständlich und
> - kontinuierlich sein.

Deshalb ist der PR-Beauftragte gut beraten, seine Informationsmittel an die journalistischen Arbeitsanforderungen anzupassen. Kontinuität bedeutet jedoch nicht, die Redaktionen mit täglichen oder wöchentlichen Memos zu überfluten. Das weckt kein Interesse, sondern ganz im Gegenteil nur den Unmut des

Redakteurs. Deshalb liegt ein Schwerpunkt des folgenden Instrumentariums auf Mitteln, wie sie aus der Welt der Medienschaffenden bekannt sind. Wer für die Medien schreibt, sollte auch die Sprache der Medien kennen und nutzen. Die Sprache der Medien konzentriert sich auf das Wesentliche – das Interessante.

> **Die Sprache der Medien ist Übermittlungsinstrument für Informationen und Meinungen. Deshalb ist sie**
> - präzise,
> - distanziert und
> - allgemein verständlich.

Wer wie ein Profi schreibt und auftritt, wird auch von seinen Partnern, den Medienschaffenden, akzeptiert. Ausführlich behandelt das Kapitel 3 den Stil und die Form der Instrumente, die einen großen Einfluss auf den Erfolg oder Misserfolg von Öffentlichkeitsarbeit haben können.

Lernziele Kapitel 2

In diesem Kapitel lernen Sie übersichtsartig ausgewählte Mittel der Öffentlichkeitsarbeit kennen. Öffentlichkeitsarbeit ist nicht nur ein Dialog mit den Medienmachern. Öffentlichkeitsarbeit ist auch ein Dialog mit allen Zielöffentlichkeiten (vgl. Kap. 1).

Dieses Kapitel unterscheidet die verschiedenen Instrumente nicht nach der Ansprache ihrer Zielgruppen, sondern unterscheidet sie in aktive, agierende Instrumente und reagierende Öffentlichkeitsmittel. Denn entweder agiert PR-Arbeit oder sie reagiert. Aktion und Reaktion finden dann auf zweierlei Art statt: entweder schriftlich als informatives Mittel der Public Relations oder mündlich als dialogisches Mittel der Öffentlichkeit.

Die Öffentlichkeitsarbeit kann auf viele Instrumente zurückgreifen, um ihre Zielöffentlichkeiten zu erreichen. Jede Zielöffentlichkeit wird jedoch auf anderen Kanälen erreicht. Es ist daher wichtig, einen Überblick über diese Mittel der PR-Arbeit zu besitzen, um zur richtigen Zeit das richtige Instrument oder einen Mix aus verschiedenen Instrumenten zu benutzen.

2.1 Agierende und reagierende Öffentlichkeitsarbeit

Öffentlichkeitsarbeit agiert und reagiert. Die Mittel einer aktiven PR-Arbeit sind andere als bei einer reaktiven PR-Arbeit. Öffentlichkeitsarbeit findet insbesondere über schriftliche Informationen statt.

Die agierende Pressearbeit arbeitet Themen auf und sendet sie an die Zielöffentlichkeiten (vgl. Schulz-Bruhdoel, 2003).

Informationsmittel der agierenden PR sind z. B.
- Pressemitteilungen
- Fotografien/Grafiken
- Pressemappen
- PR-Anzeigen
- Kundenbriefe
- Leserbriefe
- Homepage

Doch besonders dialogische Mittel besitzen eine hohe Effizienz, weil die Öffentlichkeitsarbeit direkt auf die Reaktion der Zielöffentlichkeiten reagieren kann.

Dialogische Mittel sind z.B.
- Pressekonferenz
- Pressegespräch/-empfang
- Informationsstand
- Medien-Events

Greifen Journalisten Themen von sich aus auf und melden sich beim Unternehmen, wie z.B. bei einer Krise, so antwortet die Öffentlichkeitsarbeit mit reagierender Medienarbeit.

Reagierende Mittel in der Öffentlichkeitsarbeit sind:
- Auskunft auf Presse-Anfragen
- Gegendarstellung
- Pressekonferenz
- Leserbrief

Die spärlichen Möglichkeiten einer reagierenden Medienarbeit deuten bereits darauf hin, dass eine agierende Medienarbeit immer vorzuziehen ist. Die Vorteile liegen klar auf der Hand. Als agierender Medienarbeiter bestimme ich Zeitpunkt und Inhalt des Medienberichtes. Eine freiwillige und regelmäßige Informationspolitik sorgt für eine vertrauensvolle Basis zu den Medien.

Praxis-Check – Reagierende Medienarbeit
Herr Gaworski, Geschäftsführer der St. Johannes Krankenhaus GmbH, ist für die Regionalpresse willkommener Ansprechpartner zu allen Fragen rund um das Gesundheitswesen. Mehrfach hat er Redakteuren die Hintergründe der Reformen mit einfachen Worten erklären können. Herr Gaworski ist bekannt dafür, dass er sich für die Presse Zeit nimmt.

Reagierende Medienarbeit sollte jedoch immer zum Serviceangebot eines Unternehmens gehören. Hier hilft ein kompetenter Internetauftritt, der alle interessanten Informationen bietet. So kann man Anfragen bedienen, ohne dass eine Arbeitskraft dadurch gebunden ist. Es können auch Informationen gegeben werden, die mündlich nicht möglich sind, wie Bilder oder Grafiken. Bei reagierender Medienarbeit muss immer mit einem zusätzlichen Informationsbedarf der Medienmacher gerechnet werden, die ergänzende Detailanfragen starten, die dann ebenso kompetent beantwortet werden müssen (vgl. Schulz-Bruhdoel, 2003).

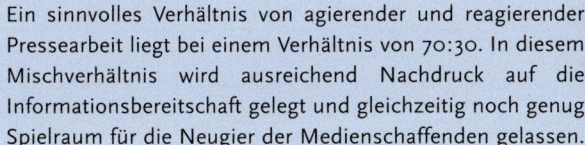

Quick-Tipp!
Ein sinnvolles Verhältnis von agierender und reagierender Pressearbeit liegt bei einem Verhältnis von 70:30. In diesem Mischverhältnis wird ausreichend Nachdruck auf die Informationsbereitschaft gelegt und gleichzeitig noch genug Spielraum für die Neugier der Medienschaffenden gelassen.

2.1.1 Agierende Informationsmittel der Öffentlichkeitsarbeit

Die Pressemeldung
Eine Pressemeldung ist eine sehr häufige Form der Presseinformation. Stilistisch ist sie dem Nachrichtenstil entlehnt. Sie sollte über 25 Zeilen nicht hinausgehen.

Das Wichtige, das Neueste steht in den ersten Zeilen. Die nachfolgenden Informationen folgen dann in der Reihenfolge ihrer Bedeutung in abnehmender Form. So können Journalisten die Pressemeldung von hinten aus auf das gewünschte Maß kürzen, ohne dass die wichtigsten Fakten dabei verloren gehen.

Eine Pressemeldung sollte sich an dem Nachrichtenstil der Presseagenturen orientieren.

In einer *Headline* steht der wesentliche Punkt. Sie ist elementar wichtig. Eine gute *Headline* weckt das Interesse des Lesers. Oft ist die Überschrift entscheidend dafür, ob ein Text gelesen wird. Das gilt im Besonderen für die Medienmacher, denn auch sie wollen zum Lesen animiert werden.

> **Quick-Tipp!**
> Eine Überschrift (Headline) sollte
> - im Präsens verfasst sein, das vermittelt Nähe und Aktualität
> - die Kernaussage mit möglichst wenig Worten ausdrücken
> - zum Lesen des Textes animieren

Eine packende Überschrift ist wichtig, um den Redakteur für ein Thema zu interessieren. Dennoch werden selten diese Überschriften von den Redaktionen übernommen. Das liegt zum einen an den speziellen Gepflogenheiten – dem *Corporate Design* – eines Mediums und zum anderen an dem kreativen Anspruch der Journalisten, wenigstens eine eigene Überschrift zu entwerfen.

In den nächsten vier Zeilen sollte ein Leser dann alle interessanten Informationen zu den Fragen *Wer, Was, Warum, Wann* und *Wo* bekommen. Die Frage der Quelle muss ebenso berücksichtigt werden. Elegant kann dies mit direkten Zitaten gelöst werden.

> **Quick-Tipp!**
> Zitate werden gerne von den Medienmachern direkt übernommen, weil sie den Text lebendiger erscheinen lassen und die Aussage direkt belegen.

In den folgenden 20 Zeilen können Hintergrundinformationen eingebunden werden, die das Wie oder Warum der Nachricht näher erläutern. Journalisten mögen diese Art der Pressemeldung. Sie erkennen nach vier Zeilen, worum es geht und können entscheiden, ob es für die Leser interessant ist (vgl. Hruska, 1999).

> **Reminder!**
> Eine Pressemitteilung sollte sachlich bleiben und sich jeder Wertung enthalten.

Sachlichkeit ist ein entscheidender Unterschied der Öffentlichkeitsarbeit im Vergleich zu den Bemühungen der Marketing- oder Werbeabteilung, die häufig Eigenschaftswörter und Superlative bewusst einsetzen. Wenn die Pressearbeit von der Marketing- oder Werbeabteilung erledigt wird, lesen sich die Pressemeldungen wie Verkaufsschlager. Für einen Redakteur ist dieser Stil völlig unbrauchbar und wird als verkappte Werbung meist aussortiert.

> **Reminder!**
> Ein sachlicher Grundtenor einer Meldung erhöht ihren seriösen Anschein.

Oft werden gute und kurze Pressemeldungen von den Redaktionen ohne Änderung als Meldung übernommen. So hat der Redakteur kaum Arbeit. Das fördert die gute Partnerschaft für eine weitere Zusammenarbeit.

Quick-Tipp!
Wird eine Pressemeldung mit einer Sperrfrist versehen, verschafft man den Medienschaffenden einen zeitlichen Vorsprung und bietet dennoch Aktualität.

Eine Sperrfrist bedeutet, dass der Inhalt einer Pressemeldung erst zu dem als Sperrfrist bezeichneten Datum veröffentlicht werden darf. Wenn z. B. ein ambulantes Pflegeunternehmen Insolvenz anmelden muss, kann ein Sperrfristvermerk sehr wichtig sein. So kann das Unternehmen seine Kunden vorab informieren, und erst dann lesen sie davon in der Zeitung. Den Journalisten bietet eine Sperrfrist auch gewisse Vorteile. So sind sie in der Lage, einen Artikel sorgfältiger zu recherchieren, ggf. Interviews zu führen und können dann unmittelbar nach Ablauf der Sperrfrist (z. B. 22.04., 22.00 Uhr) einen Artikel mit Hintergrundmaterial und Interviews zum Thema präsentieren (vgl. Franck, 2003). Dennoch sollte das Mittel der Sperrfrist nur dann verwendet werden, wenn es zwingend notwendig ist. Viele Journalisten möchten nicht vorgeschrieben bekommen, wann sie welche Information verwenden können.

Die äußere Form einer Pressemeldung
Die Form einer Pressemeldung ist wichtig. Sie sollte immer auf dem firmeneigenen Briefpapier verfasst sein. Ein Unternehmen, das häufig Pressemeldungen verfasst, hat einen Vordruck, auf dem die Grunddaten bereits eingefügt sind. Dazu gehören: der Name der Institution mit allen Kontaktinformationen wie Telefon, Fax, Adresse und E-Mail-Adresse. Auch die Angabe einer Kontaktperson für weitere Rückfragen empfiehlt sich. Unternehmen, die mehrmals wöchentlich Pressemeldungen versenden, sollten diese abfolgend nummerieren.

St. Johannes Krankenhaus

Pressemeldung
Nr. 10
22.04.2005

Krankenhaus bekommt neuen Operationstrakt

Das Johannes Krankenhaus bekommt einen neuen Operationstrakt. Die Kosten werden auf ca. zehn Millionen Euro veranschlagt. „Der Neubau wird mit fünf Millionen Euro vom Land bezuschusst, die restlichen fünf Millionen Euro teilen sich die Kommune und das Krankenhaus", so Manfred Gaworski, Geschäftsführer des St. Johannes Krankenhauses. Der neue Operationstrakt öffnet neue Möglichkeiten. So wird die Gefäßchirurgie um 25 Betten vergrößert. „Auch eine Abteilung für plastische Chirurgie ist in der Planung", sagt Prof. Peter Semmelrot, ärztlicher Direktor der Klinik. Das Krankenhaus reagiert mit der Erweiterung seiner gefäßchirurgischen Abteilung und der Neugründung der plastischen Chirurgie auf den regionalen Versorgungsengpass, der in diesen Abteilungen regelmäßig für lange Operationswartelisten bei den Kunden sorgt.

Verantwortlich:
Hans-Peter Jakult
Tel. 0234 – 4545-45
Email: hpj@johannes-kh.de

St. Johannes Krankenhaus – Gralsweg 3 – 44734 Bochum
Tel. 0234 /545-0 Fax: 0234/4545-44
info@johannes-kh.de – www.johannes-kh.de

Abb. 2: Eine Pressemeldung

Der Journalist ändert gerne im Text, das heißt er benötigt auch ausreichend Platz dazu. Daher sind ein breiter Rand von wenigstens 4 cm und ein Zeilenabstand von 1,5 oder zwei Zeilen ratsam.

Checkliste
Die Pressemeldung

- Pressemeldung auf Firmenpapier mit Logo und Kontaktadresse verfassen
- Eine kurze, packende Überschrift vermittelt Aktualität und animiert zum Weiterlesen
- In den nächsten vier Zeilen folgen alle Antworten auf die Fragen *Wer macht was, warum, wann, wie* und *wo*
- Die Quelle muss genannt sein und Glaubwürdigkeit vermitteln
- Das *Wie* und *Warum* einer Meldung folgt in den nächsten 20 Zeilen
- Ansprechpartner sollten mit Kontaktdaten genannt werden
- Es sollte genug Platz zum Redigieren gelassen werden, mindestens 1,5 Zeilen Abstand

Reminder!
Eine Pressemeldung enthält sich jeder Wertung. Sie stellt Fakten dar. Wer macht was, warum, wann, wie und wo.

Bilder

Bilder machen eine Nachricht plastischer und verleihen ihr ein Antlitz. Werden der Pressemeldung Bilder beigefügt, erhöht sich die Wahrscheinlichkeit der Berichterstattung, denn die Printmedien verwenden immer häufiger farbige Bilder, um ihre Artikel aufzuwerten.

Ein Bericht über ein Krankenhaus oder einen ambulanten Pflegedienst wird vom Leser ganz anders wahrgenommen, wenn ihm die wichtigen Protagonisten bildlich vorgestellt werden. In diesem Moment liest er keinen Bericht über eine Institution mehr, sondern über den Pflegedienst, der Frau Müller oder Frau Meier, die so einen netten und tüchtigen Eindruck auf dem Bild machen. Absolut entscheidend ist hierbei die Qualität der Motive. Daher ist es ratsam, die Fotos durch einen Fachmann machen zu lassen, der sowohl auf eine professionelle technische Bearbeitung als auch auf einen bestimmten Ausdruck im Bild achten kann.

Checkliste
Die Bildqualität

- Fotoformat mindestens 13 × 18 cm
- Hochglänzend
- Farbig oder schwarz-weiß
- Nur technisch und motivisch professionelle Bilder anbieten
- Bildlegende auf der Fotorückseite
- Urheberangaben auf der Bildrückseite
- Ggf. eine digitale Fassung auf CD-Rom (oder im Internet) mit mindestens 1600 × 1600 dpi und der Angabe über die verwendete Bildbearbeitungssoftware

Die Presseerklärung
Die Presseerklärung ist eine Art Statement-Text. Nach einer inhaltsbeschreibenden Überschrift äußert sich jemand über einen bestimmten Sachverhalt. Dies ist ein Informationsmittel, das besonders in der Politik häufig zum Einsatz kommt. Der Journalist muss die wichtigen Informationen aus dem direkten Zitat herausfiltern. Besonders bei politischen Statement-Texten ist dies nahezu beabsichtigt. So kann der falsch zitierte Politiker

sich damit entschuldigen, dass seine Worte aus dem Zusammenhang gerissen worden sind. Die Gefahr ist recht groß, dass Aussagen aus dem Zusammenhang herausgenommen werden und dadurch einen neuen Sinn ergeben, die der Erklärende so nie gemeint hat (vgl. von La Roche, 2003).

> **Quick-Tipp!**
> Im Krisenfall kann eine Presseerklärung das bessere Mittel sein, denn ein persönliches Statement demonstriert eine größere emotionale Beteiligung als eine nüchtern verfasste Pressemeldung.

Hier sollte jedoch mit größtmöglicher Sorgfalt agiert werden, damit die eigenen Worte nicht sinnentfremdet verdreht werden können.

Der Pressebericht

Ein Pressebericht ist deutlich ausführlicher gestaltet als eine Pressemeldung. In einem Pressebericht werden Hintergründe erläutert, detaillierte Beschreibungen eingeflochten oder die Vorgeschichte zu einem Thema aufgegriffen.

Da ein Bericht ausführliche Zusammenhänge beschreibt, kann von der Nachrichtenstruktur abgesehen werden. Es bietet sich vielmehr an, die Geschichte chronologisch zu erzählen. Ein Bericht sollte dennoch sachlich gehalten sein. Bewertungen oder Schlussfolgerungen sollten nur als Zitat einfließen. Längere Berichte benötigen mehr Gliederung. Der Text muss in Sinnabschnitte unterteilt werden, die mit Zwischenüberschriften eingeleitet werden (vgl. von La Roche, 2003).

Begleitschreiben von Pressemeldungen oder Presseberichten

Oft werden Pressemitteilungen von Begleitschreiben flankiert. Davon ist jedoch abzuraten. Ein Begleitschreiben soll Interesse für die Meldung wecken. Doch ist die Meldung nicht interessant oder schlecht verfasst, ändert daran auch ein nettes Begleitschreiben nichts.

Eine Pressemitteilung wird üblicherweise per Fax oder E-Mail versandt. Werden Bilder oder andere zusätzliche Materialien beigelegt, wird die Pressemeldung postalisch verschickt. Das Senden von Pressemeldungen per Telefax ist noch immer die beliebteste Lösung. Viele Journalisten haben die Pressemeldung lieber in Papierform vor sich als per E-Mail auf ihren Monitoren. Per Fax verschickte Meldungen hat man in der Hand, kann sie schneller überblicken und besser *redigieren*.

Pressemappen

Eine Pressemappe gilt als die Visitenkarte eines Unternehmens. Daher bemühen sich viele Unternehmen um ein besonders auffälliges oder schickes Design. In der Regel werden Pressemappen zu einem bestimmten Anlass – oft im Rahmen von Pressekonferenzen – an die Medienvertreter verteilt. Eine Pressemappe ist eine Informationssammlung über ein Unternehmen. Generell ist darauf zu achten, dass das Design einer Pressemappe dem *Corporate Design* des Unternehmens folgt. Besonders bei einem geringen Budget empfiehlt sich daher eine Lösung zu finden, bei der die einzelnen Informationsblöcke frei austauschbar und die Mappe immer neu ergänzt werden kann. Das spart Zeit und Geld.

Checkliste
Inhalte der Pressemappe
- Inhaltsverzeichnis
- Aktuelle Pressemeldung (Kurzversion im Nachrichtenstil)
- Aktueller Pressebericht (Langversion)
- Hintergrundinformationen (Statistiken, Umfragen, Analysen)
- Presseerklärung der Verantwortlichen oder Fachleute
- Fotos und Grafiken
- Wichtigste Angaben über das Unternehmen (Wer macht was)
- Kurze (!) Firmenhistorie
- Hinweis (falls vorhanden) wo und von wem weiteres Bild-, CD-ROM-Material bezogen werden kann

Eine Pressemappe repräsentiert das Unternehmen. Das Layout sollte professionell gestaltet sein. Der Druck muss eine sehr gute Qualität besitzen. Ein Computerausdruck in Konzeptqualität ist – unabhängig von seiner inhaltlichen Gestaltung – die falsche Botschaft. Daher ist es ratsam, die Pressemappen in einer Druckerei anfertigen zu lassen, oder zumindest auf einem professionellen Farblaserdrucker mit gutem Papier herzustellen.

Die Medienmacher reagieren sehr sensibel auf eine Pressemappe. Finden sie markante Fehler, wie einen schlechten Druck, alte Informationen oder ähnliches, kann sich das auf die gesamte Berichterstattung auswirken. Anders als vielleicht der Laie verstehen die Medienschaffenden sehr wohl die Botschaft, die hinter einer schlechten Pressemappe steht: »*Ich habe keine Lust, mir mit Dir Mühe zu geben und Dir gute Informationen an die Hand zu geben.*« So darf es dann niemanden wundern, wenn die Medienmacher in ihrer Berichterstattung auf einen derartigen Affront reagieren.

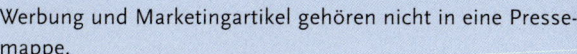

Die Inhalte einer Pressemappe sind für die redaktionelle Weiterverarbeitung gedacht. Bekommt ein Journalist den Eindruck, dass er bei Verwendung der Presseinformationen der Pressemappe zum kostenlosen Werbeträger eines Unternehmens missbraucht wird, wird er die Pressemappe entsorgen und seinen Bericht vielleicht besonders kritisch formulieren.

Man kann es gar nicht oft genug betonen. Das Verhältnis zwischen Öffentlichkeitsarbeit und Medien ist sehr fragil. Der Öffentlichkeitsmitarbeiter bekommt in den seltensten Fällen eine zweite Chance bei seinen Journalisten, wenn er sie mit versteckten Werbeartikeln beliefert.

Anzeigen in Printmedien

PR-Anzeigen PR-Anzeigen sind Berichte, die gegen Bezahlung in Medien abgedruckt werden. Da Anzeigen aus dem Metier der Werbung kommen, werden PR-Anzeigen auch als Werbung missverstanden. Es gibt aber entscheidende Unterschiede zwischen einer PR-Anzeige und einer Werbe-Anzeige. Gute PR-Anzeigen dienen nicht Werbezwecken, sondern wollen informieren oder aufklären.

Es kommt sehr auf die stilistische Lösung einer PR-Anzeige an, ob der Leser sie als Information oder Werbung interpretiert. Daher sollte eine PR-Anzeige auch in einem möglichst neutralen Ton geschrieben sein. Gewinnt der Leser nämlich den Eindruck, mit einer geschickt formulierten Werbung konfrontiert zu sein, erlischt vielleicht sein Leseinteresse. Fühlt er sich von der PR-Anzeige aber unterhalten oder informiert, unterstützt dies sein Leseinteresse.

Im Krisenfall ist die PR-Anzeige vielleicht die einzige Möglichkeit eines Unternehmens, eine Stellungnahme abzugeben, wenn die Medienvertreter nicht mehr zuhören wollen.

Werbe-Anzeigen Anzeigen können sehr teuer sein. Deshalb sollten eine genaue Zielgruppenanalyse betrieben und die richtigen Medien für eine Anzeigenschaltung ausgesucht werden, um einen besonders guten Kosten-Nutzen-Faktor zu erhalten. Manche Medien unterscheiden beim Anzeigenpreis nach der Position einer Anzeige.

> **Reminder!**
> Eine Anzeige im Textbereich ist deutlich teurer als im Anzeigenteil.

Wer sich für den günstigeren Tarif entscheidet, muss aber damit rechnen, dass die Anzeige in der Wahrnehmung des Lesers unter allen anderen Anzeigen untergeht oder der gesamte Anzeigenteil erst gar nicht gelesen wird.

> **Reminder!**
> Anzeigen im Textbereich werden häufiger gelesen als Anzeigen im reinen Anzeigenbereich.

Bei der inhaltlichen Gestaltung einer Anzeige müssen einige Regeln beachtet werden.

Checkliste
Werbe-Anzeige

- Das Logo muss gut sichtbar sein, ebenso müssen die Kontaktmittel (Telefonnummer, E-Mail) gut lesbar sein
- Weniger Text ist mehr: Einer markant formulierten Überschrift als Lockreiz – ruhig pointiert oder komisch gestaltet – folgen kurze knappe Statements
- Der Text muss verständlich formuliert sein
- Die Überschrift muss mit dem Text in einem erkennbaren Zusammenhang stehen

Stellenanzeigen sind auch PR-Anzeigen

Eine Stellenanzeige zeigt nicht nur die Suche nach neuen Mitarbeitern an, sondern ist gleichzeitig auch immer eine Selbstdarstellung des Unternehmens (Franck, 2003).

Praxis-Check – Stellenanzeige

Die Betreiber der Ambulante Hauskrankenpflege ProCura GbR denken über die Einstellung einer Pflegekraft nach. Das Anforderungsprofil ist bereits bestimmt. In der Stellenanzeige sollen jedoch auch Informationen über das Unternehmen preisgegeben werden, um weiter gehendes Interesse für das Unternehmen zu wecken und auch der Öffentlichkeit darzustellen, was das Unternehmen tut und welche Philosophie es verfolgt.

Wer sich bei seinem Stellengesuch nur auf das Nötigste beschränkt, findet selten kompetente Mitarbeiter und verpasst die Chance, sich selbst zu präsentieren.

Quick-Tipp!
Stellenangebote werden nicht nur von Stellensuchenden gelesen, sondern auch von fähigem Fachpersonal, das sich gerne einmal verändern möchte.

In eine Stellenanzeige gehört auch ein Statement des Unternehmens. Es vermittelt einem Interessenten, dass dieses Unternehmen einem durchdachten Konzept folgt.

Eine interessante Stellenanzeige gibt auch Auskunft über das Unternehmen. Beantworten Sie folgende Fragen:
• Wer sind wir?
• Was wollen wir?
• Wie schaffen wir das?

Ein klar formuliertes Arbeitsprofil des gesuchten Mitarbeiters vermittelt, dass eine Firma weiß, was sie will.

Klar formulierte Arbeitsprofile vermitteln folgende Botschaften:
- Wir machen uns Gedanken über unsere Mitarbeiter
- Wir machen uns Gedanken über ihre Arbeit
- Wir legen Wert auf eine gleichbleibend hohe Qualität
- Wir wissen, was wir wollen

Es empfiehlt sich, auch einen Hinweis über die Gründe der Mitarbeitersuche einzufügen. Sonst wird dem Interessenten genug Raum zur eigenen Spekulation gelassen.

Wir brauchen Sie, weil wir erfolgreich sind:
- Wir starten durch – seien Sie dabei
- Wir schaffen das – schaffen Sie mit
- Wer hart arbeitet braucht Unterstützung
- Wir expandieren

Reminder!
PR-Anzeigen informieren, sie bewerben nicht. Anzeigen im Textbereich werden häufiger vom *Rezipienten* gelesen als im Anzeigenteil. Eine Stellenanzeige ist immer auch ein Mittel der Selbstdarstellung.

Informations-Faltblatt/Folder
Ein Faltblatt ist ein Informationsblatt für Kunden und Interessierte. Es ist handlich und sollte aktuelle Informationen ebenso wie Kontaktdaten, Bilder und Unternehmensinformationen beinhalten.

Faltblätter sind unterschiedliche Informationsträger. Im Rahmen von Veranstaltungen, kündigen Faltblätter die Thematik an, geben Vorinformationen und sorgen für Orientierung – in Form von Plänen oder Zeittafeln. Als Selbstdarstellung eines Unternehmens informieren Faltblätter die Kunden oder Interessierten über die wichtigsten Unternehmensfakten (vgl. Franck, 2003).

Quick-Tipp!
Informationsfaltblätter können bei den Partnern – Arztpraxen und Apotheken usw. – ausgelegt werden. So erreichen Ihre Informationen die Zielöffentlichkeit, die Ihr Produktangebot benötigen.

Der Druck von Informations-Faltblättern muss von einer Druckerei erledigt werden. Es müssen also immer bestimmte Stückzahlen erreicht werden. Je höher die Auflage ist, desto günstiger fällt der Preis pro Stückzahl aus.

Quick-Tipp!
Faltblätter sollten eine gewisse Haltbarkeit bezüglich ihrer Informationen besitzen.

Sind die Informationen veraltet, müssen alle Restbestände eingezogen und ein neues Faltblatt zur Produktion in Auftrag gegeben werden. Das kostet Zeit und Geld. Die Weitergabe von veralteten Faltblättern ist jedoch indiskutabel. Vermeiden Sie auch unbedingt handschriftliche Änderungen auf einem professionellen Faltblatt.

Hauptverwendungszweck von Faltblättern ist die Selbstdarstellung.

Mithilfe einer Gliederung der Inhalte eines Folders ergibt sich oft auch die zu verwendende Falztechnik. Weitestgehend standardisiert ist ein so genannter *Leporellofalz*. Auf der ersten Seite sollte das Firmenlogo und ein markanter Spruch oder Unternehmensleitspruch für Aufmerksamkeit sorgen. Die folgende Seite spricht den Leser direkt an. Er wird über Ziele und Philosophie des Unternehmens informiert. Auf den nächsten Seiten wird das Produktangebot vorgestellt. Im Anschluss werden alle oder exponierte Mitarbeiter präsentiert, am besten mit Bild. Auf der folgenden Seite werden die Kontaktdaten mit einer Kommunikationsaufforderung genannt (»Unter der Telefonnummer 1 23 45 67 sind wir täglich von 8 bis 16 Uhr für Sie da«). Ein Impressum schließt das Faltblatt auf der letzten Seite ab.

Standardisierte Formate, wie der *Leporellofalz*, haben den Vorteil, dass sie kostengünstig sind, weil sie einfach und ohne Verschnitt hergestellt werden können.

Quick-Tipp!
Eine individuelle Faltblattfalzlösung ist zwar teurer, sticht aber unter der Flut der standardisierten Faltblätter hervor und weckt allein durch eine andere Falzstruktur schon Aufmerksamkeit.

Das Layout eines Faltblattes sollte die Inhalte durch eine klare und übersichtliche Form unterstützen.

Checkliste
- Informationsfaltblatt
- Viele kleine Bilder sollten wenigen größeren weichen
- Überschriften sollten einzeilig sein
- Absätze sollten in Sinnabsätze gegliedert werden

- Ein häufiger Wechsel von Schriftgrößen und -typen ist irreführend. Ein Schrifttyp und drei Schrifttypen (Überschriften, Zwischenüberschriften und Fließtext) reichen aus
- Kursive Hervorhebungen wirken eleganter und zurückhaltender als fett gedruckte Hervorhebungen

---

Die Korrespondenz mit der Öffentlichkeit

Die Korrespondenz mit Kunden, Partnern, Behörden und Ämtern ist eine Visitenkarte des Unternehmens. Wer seine Briefe in einer unverständlichen Form und mit zahlreichen Rechtschreibfehlern verfasst, übermittelt mehr, als er vielleicht annimmt. So erhält der Adressat den Eindruck, dass Ihre mangelnde Sorgfalt und unbedachte Formulierung auf pures Desinteresse zurückzuführen sind.

Wer sich keine Mühe gibt, einen Brief sorgfältig, verständlich und freundlich zu gestalten, will eigentlich nicht kommunizieren, denn sein Appell an den Adressaten ist klar: Lass mich in Ruhe! Ein Wunsch, dem der Adressat vielleicht schon schneller entspricht, als es dem Autor lieb sein kann. Ursache dafür ist keine Schreib-Unlust, sondern der fatale Hang zur bürokratischen Formulierungswut. Besonders deutlich wird dies in den Eingangsschreiben von Bewerbungen, deren amtsdeutscher Sprachstil dem zukünftigen Mitarbeiter noch einmal ernsthaft zu denken gibt, ob die Annahme des Arbeitsangebotes wirklich eine gute Idee ist.

Quick-Tipp!
Gute und sehr gute Mitarbeiter können sich auch heute noch ihre Arbeitsstelle aussuchen.

Eine freundliche Bestätigung der Bewerbung kann den Bewerber schon einmal positiv auf das Unternehmen einstimmen.

Praxis-Check – Korrespondenz als negative Imagearbeit

Die Sekretärin Hilde Bilde der PDL Elisabeth Reichelt von der St. Johannes Krankenhaus GmbH beantwortet mit einem Zwischenbescheid die Bewerbung der Krankenschwester Rosa Plum:

Ihre Bewerbung um die halbe Stelle einer OP-Krankenschwester/Krankenpfleger

Betreff: Eingangsbestätigung

Sehr geehrte Frau Plum,
die Bewerbungsunterlagen für die o. g. Stelle sind hier am 15.03.2005 eingegangen.
Zu gegebener Zeit erhalten Sie weitere Nachricht.

Mit freundlichen Grüßen
i. A. *Hilde Bilde*

PDL Sekretariat
St. Johannes Krankenhaus GmbH

Schlechte Formulierungen schaffen schlechte Stimmung beim Adressaten

Analyse der Korrespondenz zwischen Frau Bilde und Frau Plum

- Obwohl das Geschlecht durch die Anrede »Frau Plum« eindeutig geklärt ist, hat sich die Verfasserin des Briefes nicht die Mühe gemacht, den Krankenpfleger im Betreff zu löschen.
- Die Eingangsbestätigung wird zweimal hintereinander erwähnt – hier wird nicht viel über das nachgedacht, was geschrieben wird.
- Ein Dank für das Interesse des Bewerbers fehlt völlig.
- Mit dem Hinweis einer Rückmeldung zur gegebenen Zeit, signalisiert die Verfasserin des Briefes: Melde dich bloß nicht – wir entscheiden hier, wann man sich unterhält.
- Die Schlussklausel »Mit freundlichen Grüßen« wirkt in diesem Schreiben schon fast ironisch.

Briefe sind oft Einladungen zu Gesprächen oder einziges Kommunikationsmittel zwischen Autor und Adressat. Sie sollten daher mit großer Sorgfalt geschrieben werden. Kommunikation trägt neben ihren Inhalten in mündlicher und schriftlicher Form immer auch Bedeutungen, die durch die Art oder den Stil der Anwendung der Kommunikationsmittel hervorgerufen werden. Wer etwas sagt, drückt nicht nur seine Meinung aus, sondern das Wie seiner Kommunikation beschreibt seine Art und signalisiert dem Adressaten eine Bereitschaft zum Dialog oder eher eine Ablehnung.

Die Korrespondenz mit der Öffentlichkeit sollte
- verständlich geschrieben sein
- Lebendigkeit ausstrahlen – auf Amtsfloskeln verzichten
- freundlich formuliert sein
- den Adressaten ansprechen
- ein Interesse am Adressaten vermitteln
- zum Dialog mit dem Verfasser des Briefes einladen
- die Perspektive des Adressaten berücksichtigen

Offizielle Korrespondenz ist oft mit so genannten Amtsfloskeln überladen. Amtsfloskeln wie: »unsererseits« statt »von uns« wirken künstlich und überladen jeden Text. Fällt dem Autor solcher »Bleiformulierungen« eine starke Häufung von Floskeln auf, wechselt er zu Abkürzungen über, die ebenso fürchterlich klingen, wie o. g. statt oben genannt oder ggf. statt gegebenenfalls (vgl. Franck, 2003).

Amtsfloskeln und Abkürzungen schaffen keine Nähe zwischen Autor und Adressat, sie bilden künstliche Kommunikationsbarrieren

- davon in Kenntnis setzen – statt mitteilen
- mit sofortiger Wirkung – statt sofort
- ersuchen – statt bitten
- die Bitte heranzutragen – statt bitten
- erlaube ich mir höflichst den Hinweis zu geben – statt ich weise darauf hin

Die Korrespondenz sollte sich vielmehr an einer wirklichen Gesprächsform wie einem Telefongespräch orientieren. Niemand ruft jemanden zurück und beginnt ein Telefongespräch mit den Worten: »*Sehr geehrte Frau Freund, bezugnehmend auf Ihren Anruf vom 15.04. gegen 16 Uhr rufe ich Sie jetzt zurück.*« Die Anrede in einem Brief, meist von einem »*sehr geehrt*« eingeleitet, entspricht schon keiner alltäglichen Kommunikationsweise. Vielmehr wäre ein »*Guten Tag Frau XY*« oder ein kurzes »*Lieber Herr ABC*« eine Begrüßung, die wir aus unserer alltäglichen Kommunikation kennen.

Ein Brief beginnt mit einer Überschrift, die auf den weiteren Inhalt hinweist. Ähnlich einer Nachricht sollte diese Überschrift die Aufmerksamkeit und das Interesse des Adressaten wecken.

Quick-Tipp!
Ein »*Betreff*« macht betroffen und nicht interessiert.

Praxis-Check – Korrespondenz als positive Imagepflege

Vielen Dank für Ihre Bewerbung

Guten Tag Frau Plum,

über Ihr Interesse an einer Mitarbeit in unserem Haus haben wir uns sehr gefreut.

Die sorgfältige Prüfung aller Bewerbungen nimmt noch einige Zeit in Anspruch.

Bitte melden Sie sich, wenn Sie noch Fragen zur Stelle oder zum weiteren Bewerbungsverfahren haben.

Sonnige Grüße nach Dortmund

Elisabeth Reichelt
Pflegedienstleitung
St. Johannes Krankenhaus GmbH

Der Inhalt eines Briefes sollte die Perspektive des Adressaten berücksichtigen. Im Falle einer Absage gehört also wenigstens ein »leider« in den Text, weil dem Adressaten ja eine schlechte Nachricht mitgeteilt werden muss. Der Autor des Briefes signalisiert dem Adressaten, dass er sich in die Lage des Adressaten versetzt hat. Er demonstriert Interesse und Aufmerksamkeit für den Adressaten.

Newsletter
Ein Newsletter ist eine Form des Serienbriefes. Wer einen Newsletter verfasst, möchte andere über aktuelle Veränderungen seiner Arbeit informieren. Ein Newsletter wird heute in der Regel per E-Mail und Internet verschickt.

Dieses Verfahren ist extrem ökonomisch, weil es wenig Arbeitszeit in Anspruch nimmt und geringe Kosten verursacht. Leider hat die Werbung diese Art der Informationsvermittlung für sich entdeckt und jeden Tag aufs Neue wird die Welt von Millionen von Werbemails, Werbefaxen oder Werbepostwurfsendungen überschwemmt. Einige Redaktionen reagieren schon auf den meist nächtlichen (geringere Gebühren) »Werbefaxwahn«, indem sie die Faxmaschine in der Nacht ausstellen. Das sollten PR-Arbeiter berücksichtigen, wenn sie ihre Faxe versenden.

Werbeblätter sind meist ähnlich aufgebaut. Sie sind möglichst bunt und in Superlativen formuliert. Die Anrede vermittelt eine persönliche Ansprache. Die allgemeine Überladung mit derartigen Werbemails führt oft dazu, dass ein Adressat an Werbung erinnernde E-Mails – postalisch oder elektronisch versandt – sofort und ungelesen entsorgt. Das macht den Newsletter für die Öffentlichkeitsarbeit nur begrenzt nützlich. Öffentlichkeitsarbeit, die einen Newsletter als Kommunikationsmittel nutzt, sollte daher die Form und den Aufbau eines Briefes übernehmen, ohne die Inhalte in einer Gestaltungsorgie zu verdecken. Eine persönliche Anrede ist wichtiger als eine Farborgie und typografische Kapriolen.

Werbegeschenke

Werbegeschenke oder Giveaways erhalten die Freundschaft, möchte man meinen. Doch wie oft hat man sich schon über einen billigen Werbekugelschreiber geärgert, der gerade in dem Moment nicht funktionierte, in dem er gerade benötigt wurde. Zum Glück steht ja der Name des Unternehmens auf dem Kugelschreiber, über das Sie sich dann besonders ärgern können. Generell sollten Werbegeschenke nach einem Anforderungsprofil ausgesucht werden. Wichtigster Faktor hierbei ist, dass das Werbegeschenk zum Unternehmen passt. Ein Automobilhersteller würde nie auf die Idee kommen, einen Briefbeschwerer in Form eines Fahrrades zu verschenken.

Neben den unternehmensbezogenen *Giveaways* gibt es auch noch Standardartikel wie Kugelschreiber, Blöcke oder Kalender mit Firmenaufdruck. Hier sollte auf eine gute Qualität geachtet werden. Werbegeschenke repräsentieren ebenso ein Unternehmen wie alles andere, was an die Öffentlichkeit gegeben wird. Ein »Ramschkugelschreiber« bedeutet nicht gleich, dass das gesamte Produktangebot der Firma Ramsch ist. Jedoch muss sich ein Unternehmen, das sich höchster Qualitätsstandards rühmt, fragen lassen, warum ihre Kugelschreiber in der Hemdtasche auslaufen oder gar nicht erst funktionieren. Statt Masse sollte überlegt werden, ob es keine Möglichkeit gibt, einen schönen Fotokalender zu produzieren mit Motiven, die das Unternehmen repräsentieren.

Praxis-Check – ein gelungenes Werbepräsent

Die Seniorenresidenz Sonnenstift gGmbH produziert jedes Jahr einen Kalender für Freunde und Förderer. Motive in diesem Kalender sind gelungene Zeichnungen oder Kollagen, die in den angebotenen Kunst- und Werkstunden über das ganze Jahr hinaus von den Bewohnern geschaffen werden.

Ein Werbegeschenk sollte

- einen Nutzen haben,
- Ihnen selbst gefallen und
- eine Facette des Unternehmens ausdrücken.

Ein bisschen mehr Mühe zahlt sich bei der Auswahl von Werbegeschenken wirklich aus und erhält die Freundschaft, statt sie auf die Probe zu stellen.

Quick-Tipp!

Besonders durchdachte Werbegeschenke passen jedoch nicht nur zum Unternehmen, sondern entsprechen auch noch den Wünschen des Beschenkten.

Plakate

Plakate sind variable Informationsträger. Sie müssen über eine bestimmte Größe verfügen, um wahrgenommen zu werden.

Ein Plakat, das im Freien verwendet wird, sollte mindestens eine Größe von DIN A1 haben. Plakate, die in Gebäuden aufgehängt werden, haben meistens eine Größe von DIN A2. Der Betrachter hat oft nur einen kurzen Moment des Betrachtens. Dieser muss ausreichen, um ihn anzusprechen und eine Wirkung auf ihn zu haben. Die Größe des Plakats spielt hier eine nicht unerhebliche Rolle.

Ein Plakat als Mittel der Öffentlichkeitsarbeit
- Informiert
- Lädt ein
- Regt zum Nachdenken an
- Wirbt um Zustimmung
- Provoziert
- Irritiert auf den ersten Blick und klärt auf den zweiten Blick

Die Botschaft auf einem Plakat muss sich dem Betrachter sofort erschließen. Will ein Plakat zum Nachdenken anregen, so ist das die Botschaft, die sofort greifen muss (Franck, 2003).

Exkurs: Wirkung von Plakatwerbung
Die Plakatkampagne einer Bekleidungskette warb für ihre Produkte mit einem unkommentierten Bild einer blutgetränkten Uniform und ähnlichen Realschockern. Diese Plakatserie sorgte für Irritation und Verstörung. Auch hier wollte man eine Botschaft senden, nämlich über seine Welt nachzudenken. Die Kampagne war in aller Munde und zog ein enormes Medienecho nach sich.
Leider fühlte sich die Öffentlichkeit von der nackten Zurschaustellung von Leiden verletzt. Dieses Empfinden der Öffentlichkeit sorgte für ein allgemein negatives Image der Kette, was deutliche Absatzrückgänge belegten.

Dies ist ein Beispiel, welche Konsequenzen eine Plakataktion haben kann. Man muss sich also genau überlegen, welche Intention in einer Plakatwerbung zum Ausdruck kommen soll. Das Grauen und Erschrecken, was durch diese Motive ausgelöst wurde, wurde zur *Corporate Identity* des Unternehmens gezählt und löste damit negative Konsequenzen aus.

Damit ein Plakat wirkt, müssen alle Faktoren aufeinander abgestimmt sein und die Botschaft unterstützen. Texte, Bilder,

Farben und Grafiken oder Symbole müssen sich verstärken oder widersprechen, wenn eine möglichst starke Wirkung erzielt werden soll. Natürlich orientiert sich ein Plakat auch am *Corporate Design* eines Unternehmens. Logo und Schriftart sollten identisch sein.

2.1.2 Agierende Dialogmittel der Öffentlichkeitsarbeit

Informationen lassen sich am besten in einem Gespräch transportieren. Während eines Dialoges werden schnell Verständnisprobleme erkannt und können erklärend gelöst werden.

Ausgewählte dialogische Mittel sind
- die Pressekonferenz
- das Pressegespräch/der Presseempfang
- ein Informationsstand
- Medien-Events

Die Pressekonferenz
Eine Pressekonferenz ist gekennzeichnet durch einen Wechsel von Angebot, Reaktion und zusätzlichem Angebot. Dies macht sie für die allgemeine Medienarbeit besonders effektiv. Eine erfolgreiche Pressekonferenz ist eine Pressekonferenz mit großer Beteiligung verschiedener Medienvertreter. Wer zu einer Pressekonferenz lädt und alle wichtigen und interessanten Medienvertreter folgen dieser Einladung, gilt als etabliert und interessant.

Doch eine Pressekonferenz ist keine alltägliche Angelegenheit.
Die Journalisten opfern ihre kostbare Zeit und wollen dafür
auch einen informativen Gegenwert. Wer zu einer Pressekonferenz ohne Veranlassung einlädt, tut dies zum letzten Mal, denn
die Medienvertreter verschwenden nicht ein zweites Mal ihre
Zeit. Eine PK ist eine aufwändige Veranstaltung, die eine sorgfältige Vorbereitung, Durchführung und Nachbereitung fordert.
Sinn einer PK ist es, den Journalisten die Möglichkeit zu geben,
bestimmte Informationen nachzufragen. Das Thema muss also
für Nachfragen geeignet sein. Regelmäßige Pressekonferenzen
sind daher die Ausnahme. Besondere Maßnahmen, wie Fir-
menfusionen, Kooperationen, Produkteinführungen oder besondere Events rechtfertigen eine Pressekonferenz.

Allgemeine Themen für eine PK
- Vorstellung einer neuen Einrichtung
- Unternehmensfusion
- Event wie Fachtagung oder Messe
- Neue Ausrichtung bestimmter Arbeitsbereiche
- Erweiterung der Fachbereiche
- Interessante Forschungsergebnisse
- Inbetriebnahme neuer technischer Gerätschaften
- Vorstellung von neuen Kooperationen
- Schließung einzelner Abteilungen oder von ganzen Einrichtungen
- Statement in einem Krisenfall

Wenn das Thema geklärt ist, muss die Bedeutung für die Öffentlichkeit analysiert werden. Diese Frage ist für die Wahl der Medien entscheidend. Hat der Anlass eine bundesweite oder internationale Bedeutung, wie z. B. eine neue erfolgreiche Therapie gegen das HIV-Virus, so müssen neben allen regionalen und nationalen Tageszeitungen auch Nachrichtenagenturen und Hörfunk und Fernsehen eingeladen werden. Hat der Anlass nur eine regionale Bedeutung, sind die Lokalredaktionen, Anzeigenblätter und die Lokalredaktion des Hörfunks/ Fernsehen einzuladen. Ist der Anlass für eine PK nur für eine bestimmte Zielgruppe interessant, sollten sich die Einladungen auf die Fachpresse, ggf. noch die Lokalpresse beschränken (vgl. Franck, 2003).

Wer die Fragen der Journalisten will, muss auch Antworten parat haben. Man muss sich also vor einer PK mit der Thematik und ihren Fragen sowie den daraus resultierenden Antworten auseinandersetzen.

Die Themenstellung muss nach kritischen Frageansätzen durchleuchtet werden. Die Fragen berühren die interessanten Punkte der Themenstellung. Diese Erkenntnisse können dann das Gerüst des Hintergrundmaterials bilden.

So ist sichergestellt, dass die Informationen wirklich ankommen und nicht durch fehlerhafte Skription des Journalisten verfälscht werden. Ein weiterer Vorteil einer so strukturierten Pressemappe besteht darin, dass Journalisten, die an der Pressekonferenz nicht teilnehmen konnten, dennoch auf ein ähnliches Informationspaket zurückgreifen können.

Es muss klar sein, wer bei einer PK was sagt. Der PR-Beauftragte oder ein Vorstandsmitglied moderiert die Pressekonferenz. Der Moderator stellt den Journalisten die Repräsentanten des Unternehmens vor, er gibt eine kurze thematische Inhaltsangabe der Pressekonferenz. Je nach Größe und Fragenandrang erteilt er den Journalisten geordnet das Wort.

Die Repräsentanten oder Spezialisten eines Unternehmens, die den Anlass darstellen, müssen sich im Vorfeld über ihren Redepart absprechen, damit es keine Überschneidungen gibt. Es sollten nicht mehr als drei Personen Stellung zu einem Thema nehmen.

Die Themenstellung sollte im Vorfeld auf die vorgesehenen Redner aufgeteilt werden, damit jeder sich auf seine Rolle vorbereiten kann.

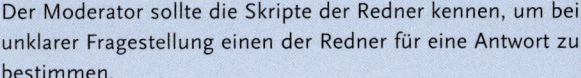

Quick-Tipp!
Der Moderator sollte die Skripte der Redner kennen, um bei unklarer Fragestellung einen der Redner für eine Antwort zu bestimmen.

Die einzelnen Statements der Redner sollten in keinem Fall zehn Minuten übersteigen. Außerdem ist bei der Anfertigung eines Rednerskriptes darauf zu achten, dass der Text auch vortragbar ist. Langen und verschachtelten Sätzen kann niemand folgen und das Gesagte wirkt schnell langweilig. Ein Vortrag wirkt aufgelockert und interessant, wenn er mit optischen Modulen, wie Bildern, Grafiken oder Filmen angereichert wird. Hierbei sollte darauf geachtet werden, dass ein Thema nicht in einer phänomenalen Multimediashow untergeht und der Eindruck entsteht, dass ein unbedeutendes Thema auf diese Art aufgewertet werden soll. Wer verschiedene Medien zur Präsentation einsetzt, muss sichergehen, dass die technischen Voraussetzungen stimmen und funktionsbereit sind.

Der Ort einer Pressekonferenz
Der Ort einer Pressekonferenz ist ein wichtiger Faktor, der genau geplant werden sollte. Eine Pressekonferenz über Massenkündigung oder eine Betriebsschließung im besten Hotel am Platz zu veranstalten, ist die falsche Botschaft (vgl. Franck, 2003).

Die Örtlichkeit muss für eine Pressekonferenz geeignet sein. Helle, gut belüftbare Räume, die verdunkelt werden können, eignen sich am besten für eine PK. Die Wand hinter den Rednern sollte möglichst neutral sein. Niemand möchte sich am nächsten Tag in der Zeitung wiedersehen, vor einer Blümchentapete sitzend, unter einem Bild, auf dem ein Elch vor einem Bergpanorama grast.

Die Wahl des Zeitpunktes
Der Wahl des Zeitpunktes ist wesentlich für den Erfolg einer PK.

Den Nachmittag nutzen die meisten Journalisten zum Schreiben. Auch die Wahl des Tages muss bedacht werden.

Der Montag ist oft eine unglückliche Wahl, weil viele Redaktionen am Montag eine Redaktionssitzung zur thematischen Wochenplanung haben. Der Freitag ist generell möglich, nur sind Pressekonferenzen am Freitag nicht beliebt bei Journalisten und keiner kommt gerne.

Der Termin bedarf auch einiger Vorbereitung. Nach Möglichkeit sollte man die Kollision mit Großveranstaltungen vermeiden. Manchmal ist eine kurzfristige Verschiebung um 24 Stunden besser, als wenn man sich mit einer anderen lokalen Medienveranstaltung überschneidet. Eine Pressekonferenz während einer Fußballweltmeisterschaft, womöglich noch während einer Live-Übertragung der deutschen Nationalmannschaft, ist gänzlich ungeeignet.

Die Einladung zu einer Pressekonferenz

Die Einladungen werden in der Regel per Fax verschickt. Überregionale Medien sollten vier, lokale Medien sollten zwei Wochen vor der PK eingeladen werden. Der Einladung sollte ein Antwortformular beigefügt sein. Dies kann ein Abschnitt am unteren Ende der Einladung oder eine zweite Faxseite sein. Ein Antwortfax sollte so wenig Arbeit wie nötig machen. Daher bieten sich vorgefertigte Antworten an, die der Redakteur nur noch ankreuzen muss.

Checkliste
Antwortfax

- Faxnummer für Rückfax
- Rückantwort bis zum … (Frist setzen)
- Ich nehme an der PK teil – Name, Telefonnummer und E-Mail
- Ich nehme nicht teil – habe die Unterlagen an Kollegen (Name, Telefonnummer und E-Mail) weitergegeben

- Ich nehme nicht teil – bitte senden Sie mir die Presseinformationen zu
- Ich nehme nicht teil

Erfahrungsgemäß ist der Rücklauf solcher Antwortfaxe oft spärlich, deshalb sollte man sich auf jeden Fall ein bis zwei Tage vor der Veranstaltung noch einmal telefonisch rückversichern (vgl. Franck, 2003).

Quick-Tipp!
Die Einladung sollte auch einladend formuliert sein. Eine Neugier weckende Überschrift und vier Zeilen, die aufs Thema hinweisen, reichen.

Ähnlich wie bei einer Pressemeldung sollte auch die Einladung konzipiert sein. Eine Einladung zur Pressekonferenz sollte entsprechend der folgenden Checkliste gestaltet sein.

Checkliste
Einladung zur Pressekonferenz
- Absender
- Datum
- Einladung zur Pressekonferenz
- Eine interessante kurze Überschrift zum Thema der PK
- Eine kurze Erläuterung des Anlasses
- Eine Einladung zur Pressekonferenz (»Die Ergebnisse unserer Studie möchten wir Ihnen auf unserer Pressekonferenz gerne persönlich vorstellen, zu der wir Sie herzlich einladen.«)
- Eckdaten: Zeit, Ort
- Ansprechpartner mit Kontaktdaten (Telefonnummer, E-Mail)
- Hinweis auf Presseinformationen/Anfahrtsskizze auf der Homepage

Als Veranstalter einer PK ist Pünktlichkeit Pflicht. Die Journalisten sollten von ihren Plätzen Blickkontakt mit den Rednern aufnehmen können. Antialkoholische Getränke (Kaffee, Tee, Wasser, Saft, Cola) sollten in ausreichender Zahl bereit stehen.

Quick-Tipp!
Das Reichen eines Imbisses wird nicht generell erwartet, kann aber eventuelle Wartezeiten – wenn noch nicht alle Medienvertreter vor Ort sind – angenehm überbrücken.

Pressemappen sollten in ausreichender Anzahl ausliegen. Es empfiehlt sich immer ein paar Pressemappen mehr als angemeldete Journalisten bereitzustellen.

Der Ablauf einer Pressekonferenz orientiert sich an folgendem Schema:

Abb. 3: Ablauf einer Pressekonferenz

Mit dem Schlusswort des Moderators ist für die Öffentlichkeitsarbeit eine Pressekonferenz noch nicht beendet. In der Nacharbeitung muss der gesamte Ablauf der PK noch einmal einer kritischen Prüfung unterzogen werden. Die Nachbereitung gliedert sich in zwei Phasen. In der ersten Phase unmittelbar nach dem Ereignis wird die Pressekonferenz als solche analysiert.

Checkliste
Nachbereitung einer PK – Analyse der Konferenz
- Gab es Fragen, auf die man nicht vorbereitet war?
- Hatte die Pressemappe ein Informationsdefizit?
- Waren die Statements der Redner verständlich und rhetorisch geschickt formuliert?
- War der Moderator Herr der Situation?
- Verlief die PK reibungslos?
- Waren die Journalisten an bestimmten Punkten besonders kritisch?
- Waren die Journalisten der Thematik gegenüber aufgeschlossen?
- Gab es Journalisten, die sich nur kritisch äußerten?

Die zweite Phase konzentriert sich auf die Auswertung der folgenden Berichte und Meldungen in den Medien.

Checkliste
Nachbereitung einer PK – Analyse des Pressespiegels
- Erstellen eines Pressespiegels
- Analyse der Berichtinhalte – Wurden die Informationen weiterverarbeitet? Sind Sachverhalte falsch dargestellt worden? Ist der Ton der Berichterstattung positiv, negativ oder neutral?

- Mit den Journalisten sprechen, deren Artikel/Berichte falsche Tatsachen wiedergeben
- Sich bei den Journalisten bedanken, deren Artikel besonders gut gefallen haben

Ein Pressegespräch

Ein Pressegespräch ist ein Gespräch zwischen einem Unternehmensrepräsentant und ein bis zwei Medienvertretern.

Anders als bei einer Pressekonferenz, legt man bei einem Pressegespräch besonderen Wert auf die intime Gesprächssituation. Diese Exklusivität drückt sich auch inhaltlich aus. So werden auch Themen besprochen, die nicht zur Veröffentlichung geeignet sind. Der Journalist tut gut daran, sich an einen etwaigen Hinweis seines Gesprächpartners zu halten, wenn er diverse Gesprächspassagen als vertraulich weitergibt mit der Bitte um Stillschweigen (vgl. von La Roche, 2003). Das Berufsethos eines guten Journalisten verbietet es in diesem Fall, Quelle und Information zu publizieren. Allein, dass er um diverse Interna weiß, bedeutet einen Wissensvorsprung. Die Fakten lassen sich dann meist auch anders recherchieren.

Informationsstand

Ein Informationsstand ist eine sehr gute Gelegenheit, mit der Öffentlichkeit in Kontakt zu kommen. Er verleiht einer Firma Gesicht. Die Öffentlichkeit nimmt ein Unternehmen nicht als Institution, sondern als von Menschen geleitet wahr. Ein informatives Gespräch knüpft Kontakte zur Öffentlichkeit und macht das Unternehmen mit den Öffentlichkeiten bekannt. Geeignete Orte für einen Infostand sind Messen oder auch ein regelmäßiger Wochenmarkt. Ein Informationsstand auf einem Wochenmarkt signalisiert den Besuchern: »Wir sind unter euch, wir sind einer von euch.« Die Präsentation sollte die Besucher neugierig machen und anlocken. Dies gelingt mit Sonderaktionen wie kostenlosem Blutzuckermessen etc.

Checkliste
Infostand
- Gesprächspartner sollten kompetent und aufgeschlossen sein
- Der Stand sollte das Corporate Design der Firma wiedergeben
- Aktionen wie BZ-Messung oder RR-Messung locken Interessierte an und verleihen der Aktion Dynamik
- Informationsmaterial muss in reichlicher Menge vorhanden sein

Medien-Event

Ein Medien-Event ist eine Veranstaltung, die für die Medien und die Öffentlichkeit inszeniert wird. Je größer das öffentliche Interesse an einem Event ist, desto interessanter ist es für die Medien. Es gibt genug Anlässe, ein Event zu veranstalten.

Checkliste
Event-Time
- Sommerfeste
- Tag der offenen Tür
- Themenforen
- Kongresse
- Messeveranstaltungen
- Preisverleihungen
- Ehrungen
- Amtsübernahmen

Ein Event ist eine Veranstaltung, bei der sich ein Unternehmen präsentieren kann. Es tritt gleichzeitig mit der Öffentlichkeit und mit den Medienvertretern in Kontakt. Ein Tag der offenen Tür signalisiert Offenheit, Dialogbereitschaft und schafft bei der breiten Öffentlichkeit ein Gefühl des Vertrauens. Ein Tag der offenen Tür eignet sich besonders dafür, den Bekanntheitsgrad einer Einrichtung zu steigern. Man bietet der Öffentlichkeit die Möglichkeit, einmal hereinzuschauen, das Unternehmen kennen zu lernen. Viele Dinge werden ein wenig einfacher, wenn man sich kennt. Hemmschwellen werden abgebaut, Sympathie wird aufgebaut.

Natürlich setzt ein positives Feed-back auch eine ordentliche Planung und sorgfältige Durchführung voraus. Der Besucher muss einen guten Eindruck bekommen. Gerade für stationäre und ambulante Pflegeeinrichtungen eignet sich eine Kombination von Service- und Freizeit-Event. Die Öffentlichkeit bekommt Gelegenheit, das Unternehmen kennen zu lernen.

> **Reminder!**
> Das Programm eines Events muss sich an den Zielöffentlichkeiten orientieren.

Die Besucher bekommen interessante Informationen, z. B. über Krankheiten und deren Therapiemöglichkeiten, oder erhalten Hilfe in Betroffenengesprächskreisen. Parallel dazu gibt es einen gemütlichen Teil mit interessantem Programm – Musik, Comedy oder Kleinkunst, bei dem Getränke und Speisen angeboten werden. Der Nachrichtenwert einer solchen Veranstaltung ist nicht zu unterschätzen. Der allgemeine Unterhaltungsteil interessiert fast jeden Bürger in der Stadt und der spezielle Informationsteil – mit bekannten Experten – ist gut für das Ansehen eines Unternehmens. Darüber hinaus tritt man direkt mit seinen Zielöffentlichkeiten in einen Dialog. Ein vorbereiteter Fragebogen, mit einem Gewinnspiel als Anreiz gekoppelt, bringt wertvolle Informationen über die Zielgruppen.

Praxis-Check – Event

Einmal im Jahr veranstaltet die Ambulante Hauskrankenpflege ProCura GbR ein Sommerfest. Eingeladen sind alle Kunden und ihre Angehörigen, alle Mitbürger und besonders alle angrenzenden Nachbarn und natürlich die lokalen Medienvertreter. Das Programm ist eine bunte Mischung aus live präsentierter Volksmusik, einer Tombola und pflegespezifischen Angeboten. An einem Stand können Interessierte Blutzuckerwerte und Blutdruck bestimmen lassen. Abgerundet wird das Programm von Vorträgen einer Ernährungsberaterin zum Thema Ernährung im Alter und einem Rechtsanwalt zum Thema Patientenverfügung. Bernhard Kaske, der Geschäftsinhaber der Ambulante Hauskrankenpflege ProCura GbR, steht Angehörigen zum Informationsgespräch und zur Beratung zur Verfügung.

Kundenbefragungen

Für moderne Unternehmen gehören regelmäßige Kundenbefragungen zum Standardprogramm. Sie sind ein fester Bestandteil einer ernst genommenen Qualitätssicherung. Im Rahmen von öffentlichen Veranstaltungen kann man dieses Instrument der Befragung auf die Besucher, also auf die Zielöffentlichkeit anwenden.

Quick-Tipp!

Als Mitmachmotivation bei einem Kundenfragebogen ist ein kombiniertes Gewinnspiel zu empfehlen. Befragungen kosten Zeit und sind stets von Misstrauen begleitet. Ein Gewinnanreiz leistet einen materiellen Gegenwert und bietet so den entscheidenden Anreiz mitzumachen.

Die dadurch gewonnenen Informationen können für geplante Werbemaßnahmen oder Öffentlichkeitsmaßnahmen sehr hilfreich sein.

> **Reminder!**
> Je mehr man über seine Zielöffentlichkeiten weiß, desto gezielter können die Maßnahmen der Öffentlichkeitsarbeit konzipiert werden.

Eine Kundenbefragung sollte nach den gleichen Prinzipien wie eine Mitarbeiterbefragung gestaltet sein (vgl. Kap. 1). Eine Ausnahme sollte die vorgeschlagene Anzahl an vorgegebenen Antworten sein. So ist es bei einer Kundenbefragung wichtiger, Antworten zu bekommen, um bei der Auswertung eindeutige Tendenzen zu erhalten. Bei ungeraden Antwortmöglichkeiten wird auffällig häufig die Mitte ausgewählt.

> **Quick-Tipp!**
> Ein Fragebogen sollte über eine gerade Anzahl von Antwortmöglichkeiten verfügen. So wird eine zentrale und neutrale Antwortmöglichkeit ausgeschlossen.

2.1.3 Reagierende Instrumente der Öffentlichkeitsarbeit

Manchmal interessieren sich Medienschaffende ohne Anreiz der PR-Arbeit für ein Unternehmen. Dann muss die Öffentlichkeitsarbeit in der Lage sein, die aufgeworfenen Fragen zeitnah, offen und kompetent zu beantworten.

> **Quick-Tipp!**
> Wer bei Anfragen der Medienmacher auf ausführliche Informationen und Bildmaterial auf seiner Homepage verweisen kann, erspart sich und dem Journalisten Zeit und Arbeit und demonstriert Offenheit.

Häufig ist dieses selbstständige Interesse der Journalisten jedoch an eine Krisensituation gebunden. Doch auch während einer Krise sollte das Unternehmen Offenheit demonstrieren und aufkommende Fragen nach Möglichkeit beantworten.

> **Quick-Tipp!**
> Muss die Aussage zu bestimmten Fragen unbeantwortet bleiben, so muss zumindest der Grund dafür genannt werden.

Wer journalistische Anfragen ohne Gründe nicht beantwortet, weckt die Neugier des Medienschaffenden und lädt ihn zu intensiven Recherchen ein. Niemand hat während einer Krise Zeit, am Telefon diverse Anfragen der Presse zu beantworten. Effizienter ist in einem solchen Fall eine kurzfristige Einberufung einer Pressekonferenz, um zur gleichen Zeit möglichst viele Journalisten zu informieren.

Gegendarstellung
Eine negative Berichterstattung in den Medien muss man sich nicht gefallen lassen. Vor allem dann nicht, wenn die Berichterstattung falsch ist. Es kommt relativ häufig vor, dass Unternehmen sich von den Medien missverstanden fühlen. Pressemeldungen werden von den Medienschaffenden sinnverändernd dargestellt. Rechtlich gibt es die Möglichkeit, beim

Medium eine Gegendarstellung einzufordern. Das ist oft aus zwei Gründen nicht ratsam und sollte daher sehr genau überlegt werden. Zum einen verschlechtert eine Gegendarstellung das Verhältnis zwischen Journalist und Unternehmen. Eine weitere fruchtbare Zusammenarbeit ist meist ausgeschlossen. Zum anderen werden die Richtigstellungen in Zeitungen so formuliert, dass dem Leser klar ist, dass das Medium zu dieser Aussage juristisch genötigt wurde. Die Glaubwürdigkeit einer solchen Gegendarstellung ist daher umstritten. Der Nutzen einer Gegendarstellung ist oft geringer einzuschätzen als der dadurch verursachte Schaden (vgl. Schulz-Bruhdoel, 2003).

> **Quick-Tipp!**
> Ein persönliches Gespräch mit dem Verfasser des Artikels – nicht mit dessen Vorgesetzten – mit der Vereinbarung einer ungekürzten Leserbriefveröffentlichung zwecks Richtigstellung und eines weiteren Artikels über den Sachverhalt ein paar Tage später ist ein beziehungspflegender Kompromiss.

Wenn sich der Medienmacher aber nicht auf diesen Kompromiss einlassen möchte, sollte man ein Gespräch mit dem Vorgesetzten führen. Erst wenn keine Verständigungsmaßnahme greift, kann der Schritt einer geforderten Gegendarstellung überlegt werden.

Leserbriefe
Leserbriefe sind Reaktionen auf Berichte oder Artikel. Sie werden von den Medienkunden wie von den Medienmachern geschätzt und beachtet. Das macht einen Leserbrief zu einem wirksamen Instrument der Medienarbeit. Ein Leserbrief ist eine sehr elegante Art, einem falschen Bericht zu widersprechen.

> **Reminder!**
> Ein Leserbrief sollte sich auf die Fakten konzentrieren und
> Polemik oder Ironie weglassen. Es darf nicht darum gehen,
> dem Journalisten auf diese Art und Weise (unter den Augen
> der Öffentlichkeit) einen »Denkzettel« für seine fehlerhafte
> Berichterstattung zu geben.

2.2 Der Online-Auftritt

Die Öffentlichkeitsarbeit findet auch im Internet statt. Ein
Unternehmen ohne eigene Homepage ist in der heutigen Zeit
beinahe undenkbar. Trotz einer rasenden technischen Entwicklung, die vor allem die grafischen Möglichkeiten verbesserte, ist
das Internet jedoch noch nicht der Kommunikationsort
geworden, den sich Unternehmen versprochen haben. Das
Internet als Werbe- und Marketing-Plattform erfüllt bisher nur
in speziellen Bereichen den allgemein erwarteten Zuspruch.
1998 stellte eine Studie des Wirtschaftsforschungsinstitutes
Dr. Doeblin bei der Befragung von 280 Wirtschaftsjournalisten
fest, dass zwar 82 % einen Internetzugang für ihre Recherche
nutzen. 36 % der Journalisten gaben jedoch an, keine nütz-
lichen Informationen über die Internetseiten der Unternehmen
erhalten zu haben. Als Ursachen wurden fehlende Aktuali-
sierungen und allgemein spärliche Standardinformationen
genannt. Das liegt vor allem daran, dass sich die wenigsten
Unternehmen selbst um ihren Online-Auftritt kümmern, sondern Webdesignfirmen beauftragen. Diese sind, wie der Name
schon sagt, Experten der Technik und des Designs, besitzen
jedoch wenig Erfahrungen in der inhaltlichen Umsetzung.
Dabei kann die Öffentlichkeitsarbeit auf verschiedene Weise
vom Medium Internet profitieren.

Der Nutzen des Internet für die Medienarbeit

- Das Internet ermöglicht einen direkten Kontakt zur breiten Öffentlichkeit. Möglichkeiten wie Kontakt-E-Mails, Online-Fragebögen, Chat oder E-Mail lassen das Unternehmen direkt mit der Öffentlichkeit kommunizieren.
- Das Medium Internet verändert auch die Medienmacher. Immer mehr Journalisten konzentrieren sich bei ihrer Recherche auf Informationen aus dem Internet. Texte, Bilder und spezielle Datenbanken erleichtern dabei ihre Arbeit.

Reminder!

In den klassischen Medien ist die Quellenangabe ein Gradmesser der Nachrichtenwertigkeit einer Information.

Diese Regeln gelten im Internet leider nicht und so gibt es viele Informationen ohne Quellenangaben, die wie Gerüchte im weltweiten Internet ihre Behauptungen publizieren und viele gläubige Adressaten finden. Das Wort ist auch im Internet Hauptträger der Information, auch wenn es durch verschiedene multimediale Module wie Bilder, Videos und Tondokumente ergänzt werden kann. Ein analoger Text, wie etwa ein Zeitungstext, liest sich jedoch ganz anders als ein digitaler Onlinetext einer Website. Das Flimmern des PC-Monitors ist beim Lesen eines Onlinetextes für eine schnellere Ermüdung der Augen verantwortlich als beim Lesen eines Zeitungstextes. Während man ein Magazin oder eine Zeitung in einer entspannten Sitzposition liest, sitzt man beim Lesen eines Onlinetextes meist an einem Arbeitsplatz mit wenig Sitzkomfort. Die meisten Printmedien publizieren auf schmalen Spalten in einem Hochformat. Ein Onlinetext präsentiert sich auf breiten Zeilen im Querformat.

Einer gedruckten Information kann man durch minimale Kopfbewegungen oder Umblättern folgen. Ein Onlinetext ist von der Darstellungsgröße eines Monitors abhängig und muss über einen seitlichen Balken gescrollt werden. Auch die Einbindung von Bildern, Ton oder Videosequenzen bringt eine verlängerte Downloadzeit mit sich, die den Lesefluss empfindlich stören kann. Das Lesen eines Onlinetextes gestaltet sich umständlicher und anstrengender als bei einem Printmedium. Deshalb muss die Struktur eines Onlinetextes diesen Tatsachen entsprechend strukturiert sein, um gelesen zu werden (vgl. Schulz-Bruhdoel, 2003).

Checkliste
Homepage
- Onlinetexte sollten deutlich kürzer sein als gedruckte Texte
- Der Text sollte einer modularen Struktur folgen, nicht einer linearen
- Die einzelnen Textmodule sollten eine nachvollziehbare Rangfolge haben
- Jedes Modul sollte der Träger von kompletten Informationen sein

Strukturierungsmittel sind so genannte *Hyperlinks* aus markierten Wörtern oder grafischen Schaltflächen, deren Anklicken auf ein weiterführendes Textmodul führt.

Der Onlineauftritt eines Unternehmens ist mit einer Präsentationsmappe vergleichbar. Die aktuellen Informationen finden sich immer zu Beginn. Von den aktuellen Informationen leiten *Hyperlinks* auf weiterführende Informationsmodule, die erklärende Skizzen oder eine Bildabfolge oder erklärende Textmodule beinhalten können. Das Informationsangebot einer Homepage sollte sich an dem Unternehmen und an seinen Produkten orientieren. Ein Krankenhaus oder eine ambulante Pflegestation sind neutrale Institutionen. Das muss sich auch an ihrer Onlinepräsentation widerspiegeln. Der Onlineauftritt sollte zuerst Seriosität vermitteln. Bunte Intros passen nicht zur allgemeinen Aussage des Betriebes.

Reminder!
Die einzelnen Seiten sollten im Corporate Design verfasst sein. Das Logo, Farbwahl und Schriftart müssen zum sonstigen Auftritt passen.

Die Unternehmensziele und seine Philosophie sind zwei repräsentative Informationen. Das Produktangebot gehört ebenso dazu. Auch die Mitarbeiter sollten mit Bild einzeln oder als Gruppenbild präsentiert werden. Eine Identifikation mit Personen schafft Nähe. Eine Institution mit großer Tradition kann dies in einer historischen Tabelle oder mit Bildern darstellen. Zum Informationsstandard sollte auch eine Wegbeschreibung (via Bahn/Bus und PKW) gehören. Manche Unternehmen bieten sogar den sinnvollen Service eines Routenplaners. Dort kann man seine Startadresse eingeben und das Programm ermittelt eine individuelle Wegbeschreibung.

Die Menüführung sollte so einfach wie möglich gestaltet werden.

Der Benutzer sollte, ohne dass er eigene strategische Überlegungen anstellen muss, durch die Informationen geführt werden.

Checkliste
Homepage

- Homepage im Corporate Design
- Modulare Sinnabschnitte
- Kurze Texte
- Weniger ist mehr: kein überflüssiger Onlineballast (Intros, Filmchen), der den Weg zu den wichtigen Informationen verstellt
- Geringe technische Anforderungen
- Darstellung der Ziele und der Unternehmensphilosophie
- Erläuterung der Angebotspalette
- Präsentation sonstiger Aktionen, Events, Kooperationen etc.
- Vorstellung der Mitarbeiter
- Bilder müssen für Medienvertreter nutzbar sein (vgl. Kap. 2, Bilder)
- Kontaktformular
- Wegbeschreibung
- Impressum

Praxis-Check – Homepage
Endlich haben sich auch die Betreiber der Ambulante Hauskrankenpflege ProCura GbR dazu durchgerungen, eine Homepage erstellen zu lassen. Ein erstes Koordinierungs-

gespräch soll in der kommenden Woche stattfinden. Eingeladen sind neben den Geschäftsinhaberinnen die Pflegedienstleitung, der Web-Designer und ein guter Bekannter der Pflegedienstleitung, der eine Agentur für Öffentlichkeitsarbeit betreibt. Die Geschäftsinhaberinnen haben sich entschlossen, eine professionelle Homepage erstellen zu lassen und diese zu pflegen. Damit wollen sie sich positiv von den Mitbewerbern am Markt abheben, die lediglich mit einer Online-Visitenkarte im Internet vertreten sind.

Things to do:
Wer für die Medien schreibt, sollte ihre Informationsmittel kennen und nutzen.

- Der PR-Berater empfiehlt: »*Denken Sie wie ein Journalist.*«

Für die Öffentlichkeit schreiben heißt, die Perspektive der Öffentlichkeit einzunehmen.

- Der PR-Berater empfiehlt: »*Betonen Sie, was das Unternehmen, seine Produkte für die Öffentlichkeit tut. Sehen Sie das Unternehmen und seine Produkte aus der Sicht der Zielöffentlichkeiten.*«

Öffentlichkeitsarbeit bedeutet, einen ständigen Dialog mit den Öffentlichkeiten zu pflegen.

- Der PR-Berater empfiehlt: »*Mixen Sie die Instrumente, sprechen Sie die Öffentlichkeiten auf unterschiedliche Art und Weise an.*«

Erfolgreiche PR-Arbeit agiert und reagiert.

- Der PR-Berater empfiehlt: »*Agieren Sie, aber lassen Sie auch Raum zur Reaktion.*«

Quick-Check

- Welche agierenden Informationsinstrumente nutzen Sie für Ihre Öffentlichkeitsarbeit?
- Welche reagierenden Informationsmittel nutzen Sie für Ihre PR-Arbeit?
- Welches Mischverhältnis von agierender zu reagierender Öffentlichkeitsarbeit besitzt Ihre PR-Arbeit?
- Welche Informationsmittel nutzen Sie für Ihre Öffentlichkeitsarbeit?
- Welche dialogischen Mittel nutzen Sie für Ihre Öffentlichkeitsarbeit?
- Wie gestalten Sie Ihre Stellenanzeigen?
- Welche Informationen präsentiert Ihre Homepage?

Kapitel 3:
Wirksame Öffentlichkeitsarbeit

PR-Maßnahmen können nur erfolgreich sein, wenn sie beim Adressaten ankommen. Es stellt sich in diesem Zusammenhang die Frage, welche Gründe es dafür gibt, ob eine Nachricht in den Medien auftaucht oder im Papierkorb der Redaktionen landet.

Exkurs: Der Nutzen von Presseinformationen für Journalisten
1995 wurden 150 Redaktionen von Zeitungen und Magazinen über den Nutzen von Presseinformationen befragt, die ihnen täglich zugesandt werden. Einen Großteil der Pressemeldungen wiesen die Journalisten als unbrauchbar ab. Die Gründe orientierten sich eng an den *Nachrichtenwertfaktoren*. Sehr häufig gab es keinen erkennbaren Mitteilungswert, weil der aktuelle Bezug fehlte oder die Informationen verkappte Werbetexte waren. Die Themen hatten einen sehr speziellen Interessensradius und waren für die meisten Kunden eher uninteressant. Stil und formale Umsetzung der Presseinformation waren nicht akzeptabel. Die Formulierungen waren zu umständlich oder langweilig und die Texte zu lang (aus: Blick durch die Wirtschaft, F.A.Z. 27.09.1995).

Meldungen werden in den Redaktionen nach bestimmten Parametern – so genannten Nachrichtenwertfaktoren – bewertet. Je mehr Kriterien eine Meldung erfüllt, desto größer ist die Chance, dass der Redakteur sie als Nachricht weiterverwendet. Wer seine Pressemeldungen in den Medien platzieren möchte, sollte seine Texte nach diesen Faktoren ausrichten und sie so mit einer möglichst hohen Wertigkeit versehen.

Dieses Kapitel beleuchtet den Stil und die Form von Nachrichten aus der Sicht der Medienschaffenden. Sie lernen die verschiedenen Beurteilungsparameter der Journalisten kennen, mit deren Hilfe sie aus der täglichen Informationsflut die geeigneten Nachrichten für ihr Medium auswählen. Neben der Bestimmung des so genannten Nachrichtenwertes einer Meldung geht es in diesem Kapitel besonders auch um ihre verständliche Form. Der verständliche Stil einer Meldung ist ebenso wichtig für eine Nachricht wie ihr Inhalt.

Input-Check – Wesentliche Inhalte

Nachrichten besitzen einen Mitteilungswert. Dieser Nachrichtenwert wird von objektiven und subjektiven Parametern bestimmt. Die Parameter bestimmen den Interessantheitsgrad einer Nachricht.

Doch nicht jede interessante Nachricht wird veröffentlicht. Eine interessante Nachricht muss zudem noch verständlich sein. Erst wenn eine Pressemeldung interessant und verständlich ist, besitzt sie die Chance, von den Medienmachern aufgegriffen zu werden.

3.1 Die Nachrichtenwertfaktoren

Medienschaffende müssen sich täglich durch einen Berg von neuen Nachrichten, Pressemeldungen und Presseberichten durcharbeiten. Sie müssen aus diesen Informationen diejenigen herausfiltern, von denen sie glauben, dass sie interessant für ihre Leser sein können. Journalisten bedienen sich bestimmter Beurteilungsparameter, so genannter Nachrichtenwertfaktoren, nach denen sie die Wertigkeit einer Nachricht bemessen.

Checkliste

Der *Wert einer Meldung* – der Nachrichtenwert – wird daran gemessen, ob die Meldung

- glaubwürdig ist,
- eine Neuigkeit ist,
- von öffentlichem Interesse ist und
- für den Redakteur sachlich nachvollziehbar ist.

Der *Medienrezipient* vertraut dem Medienschaffenden. Deshalb achten die Journalisten besonders auf die Glaubwürdigkeit einer Nachricht. Die Quelle einer Nachricht muss bekannt sein und im Zusammenhang mit der Nachricht Seriosität besitzen.

Reminder!
Die Glaubwürdigkeit einer Meldung hängt von ihrer Nachprüfbarkeit ab.

Praxis-Check – Glaubwürdigkeit einer Nachricht
»Rauchen ist gesund!« sagt Dr. Zigarettenhersteller.
Diese Meldung ist sicherlich eine absolute Neuigkeit und auch von großem öffentlichen Interesse, nur die Quelle schadet der Glaubwürdigkeit entscheidend. Ein Konzern, der die Unbedenklichkeit seines Produktes anpreist, diese Nachricht muss kritisch hinterfragt werden und landet wahrscheinlich in der Ablage respektive im Papierkorb.

Quick-Tipp!
Binden Sie bei einer Nachricht direkt die Quelle ein.

Praxis-Check – Die Quelle in die Nachricht einbinden

Der Anteil von sekundären Wundheilungen – nach Operationen – konnte durch den Einsatz zusätzlicher Luftfilter im letzten Quartal von zuvor 20 % auf unter 5 % gesenkt werden, berichtet Bärbel Kaltenbach, Qualitätsbeauftragte der St. Johannes Krankenhaus GmbH.

Der Wert einer Meldung wird enorm gesteigert, wenn ihr Inhalt bisher unbekannt, also neu ist. Aktualität kann aber auch bedeuten, dass das Thema zu einem in der Öffentlichkeit stehenden Thema passt. Was aktuell ist, entscheidet auch oft der Erscheinungsturnus des speziellen Mediums. Als Faustregel kann jedoch für jedes Medium gelten, dass das aktuell ist, was seit Erscheinen der letzten Ausgabe des Mediums passiert ist. Besonders in den Sommerferienmonaten und zum Jahreswechsel nehmen es die meisten Medien mit der Aktualität nicht ganz so genau, weil in der Regel zu diesen Zeiten die Nachrichtenlage etwas dünner ist. Dann wird der Wert einer Meldung besonders durch ihr Interesse für die Öffentlichkeit bestimmt (vgl. von La Roche, 2003).

Checkliste

Eine Meldung ist interessant, wenn sie
- möglichst viele Menschen anspricht,
- eine räumliche und soziale Nähe zum Konsumenten besitzt,
- über einen Konflikt handelt,
- provokant ist,
- Emotionen weckt,
- über prominente Personen berichtet,
- Freude und Unterhaltung bietet.

Neben diesen neutralen Faktoren zur Nachrichtenwertbestimmung darf man jedoch nicht die subjektive Einordnung des Redakteurs unterschätzen. Auch hier gibt es verschiedene Faktoren, die darüber entscheiden, ob eine Pressemeldung eine Nachricht wird.

Entscheidungsfaktoren von Journalisten, ob eine Meldung interessant ist

- Die Meldung muss für den Redakteur einfach und verständlich dargestellt sein. Kaum ein Journalist macht sich die Mühe, unklare Sachkomplexe in Eigenregie nachzurecherchieren.
- Die Thematik der Pressemeldung besitzt eine räumliche, eine kulturelle oder gesellschaftliche Nähe zum Redakteur.
- Die Meldung stellt ein Kuriosum oder eine Besonderheit dar: »Kind mit drei Augen geboren«.
- Die Meldung passt in die öffentliche Diskussion – Folgen der Gesundheitsreform – und sorgt so für eine Kontinuität in der Berichterstattung.
- Die Quelle ist dem Redakteur sympathisch oder unsympathisch.

Reminder!

Die Größe einer Stadt beeinflusst auch die Mediensituation. In großen Städten passiert täglich viel mehr als in kleineren Gemeinden. Daher ist die Schwelle des Interessanten in größeren Städten höher als in kleinen Städten. So berichtete z. B. das Oberbayerische Volksblatt auf der ersten Seite über eine vom Hitzschlag getroffene Kuh, die auf Menschen losging. Diese Meldung würde in der Frankfurter Allgemeinen Zeitung kaum Berücksichtigung finden. Es geschah nichts Spektakuläres, es gab keine Verletzten und/oder Toten.

3.2 Für die Öffentlichkeit schreiben

Öffentlichkeitsarbeit ist vor allem Kommunikation über Text: Mitarbeiterbriefe, Pressemitteilungen, Selbstdarstellungen und andere Textformate bilden das Rückgrat jeder Öffentlichkeitsarbeit. Der Text repräsentiert das Unternehmen vor dem Leser. Ein Text schafft also Vertrauen oder schürt Misstrauen. Ein Text weckt Interesse oder sorgt für Desinteresse. Eine erfolgreiche Öffentlichkeitsarbeit benötigt einen guten Text.

> **Reminder!**
> Ein guter Text weckt Interesse und ist verständlich.

Doch wie schreibt man interessant und verständlich? Entscheidend ist die Einsicht des Autors, dass er seinen Text nicht für sich, sondern für andere schreibt. Ein Text muss immer adressatengerecht sein. Der Leser entscheidet, ob es ein guter Text ist oder nicht, indem er weiter liest oder sein Interesse erlischt. Ein Journalist liest anders als ein Kunde oder ein Mitarbeiter. Ein guter Text berücksichtigt das und stellt jede der Zielöffentlichkeiten in den Mittelpunkt.

> **Reminder!**
> Ein PR-Text muss immer aus der Sicht des *Rezipienten* geschrieben sein.

Das kann bedeuten, dass man eine Pressemeldung in verschiedenen Versionen entwerfen muss, weil ein Lokalredakteur anders liest als ein Fachjournalist. Der Adressat bestimmt auch den Stil eines Textes. So sollte ein Kundenbrief an Kunden zwischen 16 und 30 Jahren in einem anderen Sprachstil verfasst werden als an Kunden zwischen vierzig und sechzig Jahren.

> **Reminder!**
> Jeder PR-Text sollte einfach, prägnant, geordnet und stimulierend geschrieben sein.

Auf diese Grundformel lässt sich das Hamburger Verständlichkeitsmodell zusammenfassen (Langner, Schulz von Thun & Tausch, 1999). Die im Hamburger Verständlichkeitsmodell aufgestellten vier Forderungen liefern die Richtschnur für die folgenden Regeln, die einen Text verständlich und interessant machen.

3.2.1 Verständlich Schreiben

»Das Schlimmste [...] ist, wenn die Intellektuellen versuchen, sich ihren Mitmenschen gegenüber als große Propheten aufzuspielen und sie mit orakelnden Philosophien zu beeindrucken. Wer's nicht einfach und klar sagen kann, der soll schweigen und weiterarbeiten, bis er's klar sagen kann« (Popper, 1971). So treffend wie Popper hat das wohl jeder schon einmal beim Lesen eines Textes gedacht. Verständlichkeit bedeutet, dass man sich von der so genannten akademischen Prosa, einem Fachjargon und vor allem vom Bürokratendeutsch verabschieden muss. Einfache und klare Worte stellen einen Sachverhalt konkret und anschaulich dar. Die Sprache des Adressaten/der Öffentlichkeit ist der Maßstab für den Autoren. Je größer eine Zielgruppe ist, umso einfacher muss der Stil eines Textes sein. Das bedeutet, dass auch komplexe Sachverhalte einfach darzustellen sind. Zentraler Punkt des verständlichen Schreibens ist der Gebrauch von Fremdwörtern.

Fremdwörter

Viele Menschen benutzen in ihrem täglichen Sprachgebrauch Fremdwörter, ohne darüber nachzudenken, dass Fremdwörter für die meisten Menschen nicht verständlich sind. Sprache wird so zur Schichtentrennung. Die akademisch gebildete Schicht spricht anders als die Arbeiterschicht. Besonders im medizinisch-wissenschaftlichen Bereich gehört es zum Standesdünkel, sich mit einem Sprachstil zu umgeben, der allen Nichtmedizinern die Verständlichkeit verwehrt. Da wird gerne ein »*Antibiotikum zur Inhibierung einer Inflammation*« verschrieben (vgl. Schulz-Bruhdoel, 2003). Der medizinischen Leistung täte es dabei sicherlich keinen Abbruch, wenn das Antibiotikum die Entzündung nur hemmt anstatt sie zu inhibieren. Doch auch bei diesem Beispiel ist Vorsicht geboten, denn in der deutschen Fachliteratur wird ein Festival der Fachtermini als Kompetenz gedeutet. Dies gilt für die deutsche Wissenschaftsliteratur im Allgemeinen und stellt somit wohl einen Sonderfall dar. Die Öffentlichkeitsarbeit darf diese Sprachtrennung jedoch nicht mitmachen. Sie muss sich einer klaren und leicht verständlichen Sprache bedienen und sollte Fremdwörter meiden.

Beispiele für Fremdwörter, die im allgemeinen Sprachgebrauch selten verstanden werden:

- Eruieren
- Bonität
- Redundanz
- Diametral
- Explizit
- Ambivalenz
- Affektiv

Diese Fremdwörter gehören nicht zum allgemeinen Sprachgebrauch. Viele Leser stolpern über diese Wörter und müssen sich ihren Sinn mühsam erklären oder – noch schlimmer – nachlesen. Freude beim Lesen kommt bei diesen Menschen sicherlich nicht auf und angesprochen fühlen sie sich auch nicht, eher von der Sprache ausgeschlossen. Fremdwörter lassen sich nicht immer vermeiden. Besonders die Fremdwörter, die ohne gebräuchliche deutsche Entsprechung in unseren Wortschatz aufgenommen wurden. Ein Luftsack ist zwar ein Airbag, aber wer weiß das schon. Hier wirkt die deutsche Entsprechung vom englischen Begriff Airbag beim Lesen eher störend, weil der englische Begriff gebräuchlicher ist. Es gibt sicherlich Fremdwörter, deren deutsche Entsprechung nicht das Gleiche meint oder für die es gar keine deutsche Entsprechung gibt.

Beispiele für Fremdwörter ohne deutsche Entsprechung
- Trend
- Computer
- Flirt

Viele dieser Fremdwörter sind so genannte Anglizismen oder Amerikanismen, die in die deutsche Sprache übernommen wurden. Anglizismen ist ja auch schon wieder ein Fremdwort – die deutsche Übersetzung würde *Entlehnung aus dem Englischen* bedeuten, eine längere und eher holprige Alternative. Dennoch kann es ratsam sein, aus Rücksicht auf das Textverständnis seiner Leser die deutsche Entsprechung zu benutzen. Eine Exkursion wäre mit dem Begriff Ausflug nur unzureichend beschrieben und Seele ist sicherlich nicht das Gleiche wie Psyche. Besonders moderne Fachbegriffe wie ein Audit sind nicht ersetzbar und müssen verwendet werden. Daher ist ein generelles Verbot von Fremdworten nicht sinnvoll. Vielmehr muss sich der Autor Gedanken machen, ob ein Fremdwort nicht gleichwertig ersetzt werden kann. Aber auch ohne Gebrauch von Fremdwörtern kann ein Text unverständlich sein. So und ähnlich zu finden in vielen Selbstdarstellungen von ambulanten Pflegediensten, Hospizen, Altenheimen und anderen Einrichtungen im Gesundheits- und Sozialwesen, die sich mit der Pflege und Betreuung von alten, kranken oder beeinträchtigten Menschen beschäftigen.

 Praxis-Check – Ein Leitbild muss verstanden werden können
Annette Schmidt ist Pflegedienstleiterin in der Ambulante Hauskrankenpflege ProCura GbR und arbeitet einen Leitspruch für das Unternehmen aus:

»Ziel unserer täglichen Arbeit ist es, die Bedürfnisse alter, kranker Menschen zum Zentrum unseres Handelns zu machen. Wir wollen unseren Kunden ein selbstständiges Leben in ihrer vertrauten Umgebung ermöglichen. Dabei orientieren wir uns an einem ganzheitlichen Menschenbild. Wir verstehen den Menschen als Einheit aus Körper, Seele und Geist, die eingebunden in sein soziales Umfeld und geprägt durch seine Lebensgeschichte sind.«

Dieser Text kommt völlig ohne Fremdwörter aus, der Begriff Psyche ist inhaltlich ausreichend mit Seele und Geist umschrieben. Ob jedoch jeder Leser den Bedeutungszusammenhang der Formulierung »... ganzheitlichen Menschenbild« nachvollziehen kann, und ihm so der Text verständlich erscheint, ist infrage zu stellen. Diese Formulierungen zeugen nicht von der Unfähigkeit des Autors sich deutlich auszudrücken. Es ist vielmehr die Routine, Begriffe zu verwenden, die einem selbst durch täglichen Gebrauch geläufig, jedoch der Allgemeinheit eher unbekannt sind (vgl. Langner, Schulz von Thun & Tausch, 1999).

3.2.2 Kurz und präzise schreiben

»*In der Kürze liegt die Würze.*« Ein Text sollte kurz sein, weil die Aufmerksamkeit beim Lesen mit einer gewissen Fülle von Informationen nachlässt. Dazu gehört auch eine angemessene Satzlänge. Es gibt keine Standardsatzlänge, die man einhalten muss. Die Erfahrung zeigt aber, dass man Sätze aus maximal 12 bis 15 Wörtern bilden sollte. Ein kurzer Satz erfordert mehr Übung und ist oft für Ungeübte schwieriger zu schreiben. Doch der Leser honoriert sie mit gesteigertem Lesewillen. Die Hälfte aller Sätze in der Bild-Zeitung begnügen sich mit fünf Wörtern. 14 Wörter kennzeichnen den durchschnittlichen Satz in der Tagesschau. 20 Wörter in einem Satz sind die tolerierte Höchstgrenze bei der dpa. Lange Sätze verlangen dem Leser viel mehr Aufmerksamkeit und Konzentration ab als kurze Sätze. Besonders das Lesen einer Tageszeitung ist eine flüchtige Tätigkeit. Lange Sätze sorgen hier mangels Leseruhe und Konzentration für Verständnisschwierigkeiten. Geübte Verfasser sind jedoch auch in der Lage, auch gut verständliche, lange Sätze zu konzipieren. Der entscheidende Punkt hierbei ist die lineare Struktur des Satzes. Eine lineare Satzstruktur verzichtet meist auf eingeschobene Nebensätze, indem sie diese nur anhängt. Auch wirken lange Wörter in einem langen Satz als Lesehindernis.

Quick-Tipp!
Kurze Sätze und kurze Wörter fördern den Lesefluss. Bei langen Sätzen sollte unbedingt auf eine lineare Satzstruktur geachtet werden, d. h., dass Sie keine Sätze verschachteln sollten.

Generell ist bei einem Text zu einem ausgewogenen Mix aus langen und kurzen Sätzen zu raten. Entscheidend ist das Empfinden des Lesers, der einen gelesenen Text als langatmig oder kurzweilig empfindet. Ein Satz darf auch einmal etwas länger sein, er muss sich dann jedoch kurz lesen lassen. Wer lange Sätze hauptsächlich mit kurzen Wörtern bildet und die Nebensätze anhängt, kann diesen Leseeffekt erreichen. Kurze Sätze werden vom Leser oft als abwechselnd empfunden.

Quick-Tipp!
Der Text – laut vorgelesen – offenbart seine Stärken und seine Schwächen. Ein Text, der leicht dahinfließt, erreicht auch die innere Wahrnehmung der Leser besser.

Besonders Füllwörter machen im geschriebenen Text Probleme. Füllwörter kommen aus der gesprochenen Sprache und verleihen dem gesprochenen Text Klang. Ein geschriebener Text wird von Füllwörtern zu sehr in seiner Aussage gebremst.

Ein geschriebener Text leidet unter diesen Füllwörtern ohne Funktion, z. B.:

- Eigentlich
- Natürlich
- Wohl
- Ohne Zweifel
- Gewissermaßen
- Wahrscheinlich
- u. v. m.

Aufgeblasene Begriffe zeugen nur von der Unfähigkeit des Autors, einen Sachverhalt knapp und deutlich zu formulieren. Begriffe wie Bereich, Sektor oder Wesen sind zu unkonkret und müssen oft umständlich erklärt werden. »So befindet man sich auf den Spuren eines Wesens – dem Gesundheitswesen –, welches ungeschlechtlich durch die Korridore unserer Krankenhäuser schwebt und den Patienten das Fürchten lehrt.« Der gequälte Leser darf sich fragen, wer wohl mit dem Gesundheitswesen gemeint ist. Auch ein inflationäres Produzieren von Silben steht einer kurzen und verständlichen Beschreibung im Weg. So ist ein Abverkauf das gleiche wie ein Verkauf und eine Haarfrisur ist eine Frisur. Ein Text kann geradezu an der Silbenlast seiner Wörter ersticken (vgl. Schneider, 2001).

Beispiele für umständliche Umschreibungen ohne zusätzlichen Sinn

- Wenn ein Ereignis keine Seltenheit ist, dann passiert es häufig.
- Wenn etwas zu diesem Zeitpunkt passiert, dann passiert es jetzt.
- Wenn Menschen strenges Stillschweigen bewahren, dann schweigen sie.

Adjektive

Adjektive beschreiben Eigenschaften und sind ein schwieriger Partner, wenn es um gute Texte geht. Im Marketing und in der Werbung treten sie gerne gehäuft auf, oft noch bis zur Sinnunkenntlichkeit gesteigert. Ein informativer Text sollte auf wertende Adjektive verzichten. Sie informieren nur über die Meinung zu einer Sache. Ein glaubwürdiger und informierender Text muss die Sache im Fokus behalten. Adjektive helfen dabei nur auf zweierlei Art.

Adjektive sind wichtig zur
Unterscheidung: Das Pflegeunternehmen mit dem grünen Herz, nicht dem roten Baum.
Präzisierung: sekundäre Wundheilung

Besonders Texte, die für die Medien verfasst werden, müssen auf ihre Adjektive überprüft werden. Denn der kritische Journalist liest ungern von »bahnbrechender Technik« oder »zukunftsweisenden Pflegemethoden« oder »innovativen Neuerungen«. Ein »guter« Journalist übernimmt nie fremde Wertungen. Wortverdoppelungen wie eine »innovative Neuerung« wirken auf den geübten Leser belustigend, weil sie unter die Rubrik »schwarze Raben« fallen. Findet ein Journalist derartige

Formulierungen in einer Pressemeldung, wird er sie sicher streichen.

Auch der Steigerungsfähigkeit von Wörtern sind Grenzen gesetzt. Klassisches Beispiel ist die viel zitierte Zeugnisformel der »vollsten Zufriedenheit«, die ein Personalchef seinem scheidenden Mitarbeiter in seinem Zeugnis bescheinigt. Zur rechtlichen Absicherung ist dies wohl notwendig, sprachlich stellt es ein Kuriosum dar, weil ein voller Eimer nicht vollster Eimer werden kann, sondern zuvor überläuft.

Beispiele für Adjektive, die nicht gesteigert werden sollten
- Frisch
- Neu
- Zuverlässig
- Krank
- Sauber

Quick-Tipp!
Erfordert es ein Text dringend, dass man zwischen zwei kranken Menschen – im Sinne einer Unterscheidung – eine Steigerung verwenden muss, so ist der eine krank und der andere sehr krank – nicht kränker oder am kränksten!

Verben

Zentraler Punkt eines Medientextes ist das Besondere, das Neue, das Ereignis. Träger dieser Nachricht ist das Verbum, weil eine Veränderung, eine Hervorhebung, ein Ereignis auf einer Tat beruhen. Das Verb ist ein Tätigkeitswort, es zeigt an was getan wurde. Besonders die Verben machen einen guten Text konkret und anschaulich. Immer häufiger werden sie als Entlehnung aus dem Beamtendeutsch von einem Substantivismus verdrängt (vgl. Franck, 2003). Die folgende Presseinformation eines fiktiven Pflegenetzwerkes Ruhr verdeutlicht als typisches Beispiel die Substantivismussucht des fiktiven Öffentlichkeitsarbeiters.

Praxis-Check – Eine schlechte Pressemeldung wird keine Meldung

Die St. Johannes Krankenhaus GmbH, die Ambulante Hauskrankenpflege ProCura GbR und die Seniorenresidenz Sonnenstift gGmbH gründen eine Kooperationsinitiative – das Pflegenetzwerk Ruhr. Zum Besuch der Gesundheitsministerin Birgit Fischer verfasste Bernhard Kaske, Geschäftsinhaber der Ambulante Hauskrankenpflege ProCura GbR, den Entwurf einer Pressemeldung, den er Hans-Peter Jakult, Öffentlichkeitsreferent der St. Johannes Krankenhaus GmbH, zur Beurteilung einreicht:

Die Versorgung alter und kranker Menschen aus der Ruhrregion ist stark gefährdet

Das Pflegenetzwerk Ruhr – ein konstruktives Lösungskonzept Das Pflegenetzwerk Ruhr ist eine Arbeitsgemeinschaft verschiedenster Einrichtungen der Alten- und Krankenpflege. Die mitarbeitenden Repräsentantinnen der unterschiedlichsten Institutionen stellten ihre Vorschläge zur Verbesserung der Situationen der alten und kranken Menschen in der Ruhrregion der Gesundheitsministerin Birgit Fischer vor.

So wurden der Ministerin folgende Sachpunkte vorgestellt:

- die Unterstützung von pflegenden Angehörigen durch eine kostenlose Beratung und Schulungsmaßnahmen;
- die Kooperation mit Apotheken und anderen Anbietern von medizinischen Produkten;
- eine verbesserte Informationsstruktur zwischen Krankenhäusern, niedergelassenen Ärzten und Altenpflegeinstitutionen.

> Die Gesundheitsministerin von NRW – Birgit Fischer – zeigte sich sichtlich beeindruckt von dem großen Engagement und der kooperativen Zusammenarbeit und sicherte dem Pflegenetzwerk Ruhr auch zukünftig ihre Unterstützung zu.

In dieser Pressemitteilung wird der *Nominalstil* gepflegt. Der Text wirkt daher sperrig und träge. Es wird von einer Gefährdung gesprochen, deren Ursache jedoch unbenannt bleibt. Darüber hinaus werden verschiedene Institutionen ins verschiedenste und unterschiedlichste gesteigert. Mitarbeitende Repräsentantinnen sind nichts anderes als Mitarbeiter. Der Text wird viel dynamischer und liest sich somit viel flüssiger, wenn statt der Substantivformen die Verben eingesetzt werden.

Praxis-Check – Eine Pressemeldung, in der gehandelt wird
Hans-Peter Jakult, Öffentlichkeitsbeauftragter der St. Johannes Krankenhaus GmbH, ändert den Entwurf der Pressemeldung von Bernhard Kaske und erläutert ihm die Änderungen:

Pflegebedürftigen Menschen der Ruhr-Region droht Not
Die Schließung mehrerer Versorgungseinrichtungen sorgt bei alten und kranken Menschen der Ruhrregion für Existenznot. Das Pflegenetzwerk Ruhr ist eine Arbeitsgemeinschaft verschiedener Einrichtungen der Alten- und Krankenpflege.
Die Mitarbeiter des Pflegenetzwerks Ruhr präsentierten der Gesundheitsministerin Birgit Fischer ihre Vorschläge, wie die Versorgung der pflegebedürftigen Menschen in der Ruhrregion sichergestellt werden kann.

Das Netzwerk informierte die Ministerin darüber,

- wie die pflegenden Angehörigen durch Schulungsmaßnahmen unterstützt werden können;
- wie sich die Situation der Betroffenen durch die Kooperation des Pflegenetzwerkes Ruhr verbessern wird;

> - welche Vorteile eine verstärkte Kommunikationsstruktur zwischen Krankenhaus, niedergelassenem Arzt, Pflegestation und Apotheke für den Kunden hat.
>
> Die Gesundheitsministerin war beeindruckt von dem großen Engagement und sicherte dem Pflegenetzwerk Ruhr auch weiterhin ihre Unterstützung zu.

Die Substantivierung von Verben macht einen Text umständlich und sperrig. Wer etwas tut, sollte auch Tätigkeitswörter benutzen. Eine Ausnahme bilden vielleicht so genannte Funktionsverben oder Streckverben. Sie benötigen immer ein erklärendes Substantiv und provozieren so komplizierte Schachtelsätze (vgl. Langner, Schulz von Thun & Tausch, 1999).

> **Praxis-Check – Schachtelsätze verkomplizieren den Satzbau 1**
> Die Ambulante Hauskrankenpflege ProCura GbR stellte durch die Pflege von autistischen Kindern regelmäßig ihre große Kompetenz auf diesem Pflegesektor unter Beweis.

Hier muss der Leser bis zum Ende des Satzes darauf warten, wen oder was die Ambulante Hauskrankenpflege ProCura GbR stellt. Außerdem schenken Leser eher Personen ihr Vertrauen als Institutionen.

> **Praxis-Check – Schachtelsätze verkomplizieren den Satzbau 2**
> Die Mitarbeiter der Ambulante Hauskrankenpflege ProCura GbR bewiesen regelmäßig ihre große fachliche Kompetenz in der Pflege von autistischen Kindern.

> **Reminder!**
> Die Verwendung von Funktionsverben führt oft zu Schachtelsatzbau.

Ein Schachtelsatz ist immer schwieriger verständlich, weil das Verb durch das erklärende Substantiv auf den ganzen Satz verteilt wird und sich so dem Leser der Sinn eines Satzes erst am Ende erschließt.

Weitere Beispiele für Funktionsverben sind:
- Lieber beachten als Beachtung schenken
- Lieber betrachten als in Augenschein nehmen
- Lieber vertrauen als Vertrauen schenken

Ein Passivsatz ist ein so genannter Erleidungssatz. Im Passiv wird nicht getan, es wird erlitten. Wer etwas tut, sollte auch im Mittelpunkt stehen (vgl. Aberle & Baumert, 2002).

Quick-Tipp!
Lieber etwas tun als etwas tun lassen!
Julius Cäsar hat zurecht nicht gesagt: *Es ist von mir angekommen worden, es wurde von mir gesehen und es wurde von mir gesiegt.* Stattdessen wurde gesagt: *Er kam, sah und siegte.* Ein Passivsatz verschleiert das eigentliche Subjekt, denn es – ein Neutrum – hat sicherlich nicht das damalige Gallien – abzüglich eines kleinen Dorfes – erobert. Julius Cäsar hat es erobert. Die Aktivformulierung wirkt viel griffiger und kommt mit fünf Wörtern aus, statt mit 17 Wörtern wie bei der Passivformulierung.

3.2.3 Gliederung und Satzordnung

Oberstes Gebot eines gut gegliederten Textes lautet: Hauptsachen gehören in einen Hauptsatz. Die Grundordnung eines Textes sollte folglich von Hauptsätzen beherrscht werden. Ein

Hauptsatz sollte streng nach dem Prinzip: Subjekt – Prädikat – Objekt aufgebaut sein.

> **Praxis-Check – Der Satzbau einer Pressemeldung**
> Die St. Johannes Krankenhaus GmbH eröffnet eine urologische Ambulanz.

Einzige Ausnahme hierfür ist der Eröffnungssatz, in dem man das Objekt mit dem Subjekt tauschen darf.

> **Praxis-Check – Die Satzbaualternative einer Pressemeldung**
> Eine urologische Ambulanz wird von der St. Johannes Krankenhaus GmbH eröffnet.

Damit steht das Wichtige am Anfang, denn entscheidend ist nicht, wer was eröffnet, sondern was von wem eröffnet wird. So erfasst auch ein flüchtiger Leser die eigentliche Botschaft. Nebensätze sind nicht generell verboten. Sie können in aller Kürze noch die eine oder andere zusätzliche Information liefern. Nebensätze sollten aber immer an den Hauptsatz angehängt werden. Wird ein Nebensatz vorangestellt, schiebt man so das Wichtige ans Ende des Satzes.

Von so genannten Schachtelsätzen ist generell abzuraten. Ein Schachtelsatz unterbricht die lineare Struktur des Textes. Der Autor unterbricht sich selbst und damit auch den Leser. Je verschachtelter ein Satz ist, desto unübersichtlicher wird er. Die Wahrscheinlichkeit, dass der Leser die Übersicht verliert, ist groß und oft bleibt das Ende eines verschachtelten Satzes ungelesen und unverstanden. Eine natürliche Verschachtelung birgt die Vergangenheitsform des Perfekts. Dem Verb – eigentlich Zentrum eines Satzes – wird ein »hat« oder »ist« vorangestellt und das eigentliche Verb rückt hinter das Objekt an das Satzende.

Checkliste

Schreiben wie ein Journalist

- Berücksichtigt die Meldung die Perspektive des Lesers?
- Nachrichtenwert überprüfen: Ist die Meldung interessant – glaubwürdig – neu – nachvollziehbar?
- Ist die Meldung verständlich geschrieben?
- Fremdwörter nur benutzen, wenn sie gebräuchlich sind (Airbag), es kein deutsches Wort als Entsprechung gibt (Audit) oder sie die Glaubwürdigkeit eines Textes untermauern (Fachliteratur)
- Sind die Sätze kurz (nur in Ausnahmen über 12 Wörter lang)?
- Wechseln sich kurze und längere Sätze ab?
- Text auf Füllwörter untersuchen, die nicht zur Präzisierung des Sachverhaltes beitragen
- Adjektive nur zur Unterscheidung oder Präzisierung nutzen
- Steigerungsfähigkeit von Adjektiven überdenken
- Tuwörter – Verben – benutzen, nicht in Nominalstil verfallen
- Nebensätze nach Möglichkeit anhängen und Schachtelsätze vermeiden
- Hauptsachen gehören in den Hauptsatz
- Im Aktiv schreiben, nicht im Passiv
- Satzgliederung beachten: Subjekt – Prädikat – Objekt; Ausnahme der Regel ist die Überschrift: Hier geht auch Objekt – Prädikat – Subjekt

3.2.4 Schreibkonventionen der Medien

Wie jede Zunft hat auch die Medienbranche traditionelle Konventionen entwickelt. Als Öffentlichkeitsreferent sollte man diese Konventionen kennen, um von seinen journalistischen Partnern akzeptiert zu werden.

Der Umgang mit Namen

Menschen, über die berichtet wird, müssen eindeutig erkennbar sein. Als Erkennungsmerkmal gelten Vor- und Zuname sowie die Funktion. Anreden wie Frau oder Herr sind nicht gebräuchlich. Eine Person muss in einem Bericht zunächst mit Vor- und Zunamen genannt sein. Erst im weiteren Verlauf können synonyme Bedeutungsbezeichnungen zwecks Abwechslung benutzt werden. Synonym kann im weiteren Verlauf auch von der Ministerin gesprochen werden. Allerdings sollten nicht zu viele Synonyme benutzt werden, um den Leser nicht zu verwirren.

> **Praxis-Check – Nennung von Namen in einer Pressemeldung**
> Die Gesundheitsministerin Ursula Schmidt war beeindruckt.
> Die Ministerin versprach auch in Zukunft zu helfen.
> Ursula Schmidt nahm viele gute Ideen mit in ihr Ministerium.

Titel

Akademische Titel oder Grade bleiben in der medialen Sprachkonvention ungenannt. Ist ein Titel für die Berichterstattung bedeutsam und kann auf seine Erwähnung nicht verzichtet werden, muss er ausgeschrieben werden. Dies gilt jedoch für den Titel eines Professors. Doktoren oder Magister und Diplomanden werden in der Regel nicht erwähnt. Anders als in der Fachliteratur gelten Titel in der Medienkultur nicht als Kompetenzbeweis. Journalisten nennen stattdessen den Fachbereich des Protagonisten (vgl. Schulz-Bruhdoel, 2003).

> **Praxis-Check – Nennung von Titeln in einer Pressemeldung**
> Herzspezialist Peter Pumpe transplantiert Schweineherz. Der Kardiologe ist die erste Person in Europa, der ein Schweineherz transplantiert hat.

Das Schreiben von Zahlen

Zahlen werden von eins bis zwölf ausgeschrieben. Größere Zahlen werden als Ziffern wiedergegeben. Werden Zahlenverläufe erklärt, die mit einer kleinen Zahl beginnen und bis zu einer großen Zahl reichen, werden beide Zahlen als Ziffern geschrieben (6 bis 17; aber zwei bis vier). Der Gedankenstrich wird von einem »bis« ersetzt. Zehnerbeträge und -potenzen kann man ausschreiben oder als Ziffern darstellen. Gebrochene Zahlen (3,5) werden als Ziffer geschrieben. Daten werden eindeutig und kurz wiedergegeben. Die Jahresangabe entfällt, wenn der Textinhalt sich eindeutig auf das aktuelle Jahr bezieht. Wert und Maßangaben werden – aus Gründen der Vereinfachung – sinnvoll auf- oder abgerundet. Währungseinheiten und Maßeinheiten dürfen sinnvoll verkürzt werden (vgl. Schulz-Bruhdoel, 2003).

> **Praxis-Check – Das Nennen und Abkürzen von Maßeinheiten in einer Pressemeldung**
> Statt »Der Patient wog 104,23 Kilogramm« schreibt man »Der Patient wog über hundert Kilo«.

Abkürzungen und Symbole

Fachbegriffe und Maßeinheiten müssen bei ihrer ersten Erwähnung ausgeschrieben werden. In Klammern kann man die gebräuchliche Abkürzung setzen. Bei jeder folgenden Erwähnung reicht das Kürzel.

> **Praxis-Check – Das Nennen und Abkürzen von Namen in einer Pressemeldung**
> Der Bund häuslicher Pflege (BHP) warnt vor einem Pflegenotstand.
> Bernhard Kaske – der Vorsitzende des BHP – spricht von alarmierenden Zuständen...

Firmen- und Produktnamen

Nach Möglichkeit sollte die Erwähnung des Unternehmens und des Produktnamens nicht direkt im ersten Satz einer Pressemeldung stehen. Auch eine grafische Hervorhebung (Schriftgröße, Fettdruck, Großbuchstaben) schafft einen direkten Bezug zur Werbung und ist für eine Pressemeldung daher unangebracht.

Checkliste
Schriftkonventionen der Medienmacher

- Personen werden bei ihrer ersten Nennung immer mit Vor- und Zunamen und ihrer Funktion genannt
- Akademische Titel werden nicht verwendet – stattdessen wird der Fachbereich genannt
- Zahlen bis zwölf werden ausgeschrieben, ebenso Zehnerbeträge und -potenzen
- Zahlen ab 13 und gebrochene Zahlen werden mit Ziffern ausgedrückt

- Fachbegriffe und Maßeinheiten etc. werden bei der ersten Nennung ausgeschrieben und die gebräuchliche Abkürzung in Klammern dahinter genannt. Bei jeder weiteren Nennung reicht das Kürzel
- Firmen- und Produktnamen werden nicht grafisch durch Fettdruck oder Großbuchstaben hervorgehoben

3.2.5 Der Umgang mit den Medien

Ein Öffentlichkeitsmitarbeiter, der mit den Medienschaffenden ein partnerschaftliches Verhältnis pflegen möchte, muss auch ein paar Verhaltenskonventionen beherrschen.

7 Grundregeln im Umgang mit den Medien und ihren Machern

- Journalisten legen Wert auf einen Ansprechpartner. Auf ständig wechselnde Bezugspersonen reagieren Journalisten oft unwillig.
- Als PR-Arbeiter sollte man alle Journalisten – unabhängig von persönlicher Sympathie und Antipathie – gleich behandeln.
- Journalisten von wichtigen Medien sollten besonders »gepflegt« werden.
- Ein erfolgreicher Öffentlichkeitsmitarbeiter betreibt eine kontinuierliche Medienbeobachtung und Medienauswertung
- Journalisten mögen kurze und präzise Informationen
- Medien sind kein Werbeorgan der Firmen – Gelassenheit bei kritischer Berichterstattung ist angebracht
- Falsche Berichterstattung sollte nicht hingenommen werden

Ein guter Schreiber fällt nicht vom Himmel. Das besondere Gefühl für die eigene Sprache entwickelt sich erst mit der Übung. Oft benötigen auch Profis mehrere Formulierungsversuche. Aus fleißigen Umschreibern werden so schließlich gute Schreiber.

Abb. 4: Ein fleißiger Umschreiber wird ein guter Schreiber

Things to do:

Ein PR-Mitarbeiter muss seine Meldungen aus der Perspektive seiner Zielöffentlichkeiten schreiben.

- Der PR-Berater empfiehlt: »*Beurteilen Sie Ihre Arbeit aus der Sicht eines Journalisten.*«

Ein PR-Arbeiter muss seine Informationen verständlich machen.

- Der PR-Berater empfiehlt: »*Schreiben Sie Ihre Informationen wie ein Journalist. Fassen Sie sich verständlich, kurz, präzise und interessant.*«

Ein PR-Arbeiter muss die Konventionen der Medien kennen.

- Der PR-Berater empfiehlt: »*Orientieren Sie sich an den Richtlinien der Journalisten.*«

Quick-Check

- Was versteht man unter den Nachrichtenwertfaktoren?
- Welche Parameter benutzt ein Journalist zur Auswahl seiner Nachrichten noch?
- Was macht eine Meldung interessant?
- Welche zwei Grundkriterien besitzt ein guter Text?
- Welche Forderung an einen Text erhebt das Hamburger Verständlichkeitsmodell?
- Welcher Satzbaustruktur sollte eine Meldung folgen?
- Welche Schreibkonventionen haben die Medien?

Kapitel 4:
Öffentlichkeitsarbeit im Krisenfall

»*Wer den Schaden hat, muss für das Presseinteresse nicht sorgen.*«
Nichts interessiert die Öffentlichkeit so sehr wie Katastrophen.
Krisen oder Katastrophen sind eng mit menschlichem Leid verbunden. Leid und Dramatik führt zu großen Emotionen: wei-
nende Angehörige, blutüberströmte Opfer oder die versteiner-
ten Gesichter der Täter. Die Medien stehen im Katastrophenfall
direkt parat, um der interessierten Öffentlichkeit davon zu berichten.

Krisen in der Pflege haben häufig eine besonders dramati-
sche Qualität, denn in der Pflege stehen Menschen im Mittelpunkt. Das bedeutet, dass Katastrophen in der Pflege sehr
häufig auch Menschen zu Opfern machen und somit auch
pflegende Menschen zu Tätern. Gerade ein Krisenfall macht die
enorme Verantwortung deutlich, die pflegende Menschen für
ihre Kunden übernehmen. Als Öffentlichkeitsmitarbeiter hat
man selten Kontakt zu den Kunden. Eine persönliche Verantwortung für eine Krisensituation ergibt sich also nicht. Umso
schwieriger ist die Situation für eine PR-Abteilung im Krisenfall. Ein PR-Mitarbeiter muss in der Krise einen kühlen Kopf
bewahren, um schnell die richtigen Entscheidungen zu treffen,
die passenden Worte zu finden und die notwendigen Maßnahmen einzuleiten. Auf der anderen Seite muss er sich auf
eine Krisensituation einlassen, muss eigene Betroffenheit zulassen, um seinen Maßnahmen und Worten Authentizität und
Emotion zu verleihen. Ein Unternehmenssprecher, dessen Dis-
tanz sich über die mediale Berichterstattung überträgt, wirkt im
Angesicht von menschlichem Leid kalt und unmenschlich.

Einem solchen Menschen – und somit auch einem Unternehmen – verzeiht man nicht und glaubt man nicht.

Lernziele Kapitel 4

Dieses Kapitel macht Sie mit den verschiedenen Faktoren von Krisensituationen vertraut. Sie werden erfahren, wie Sie Krisensituationen präventiv begegnen können. Ein präventives Krisenmanagement verhindert Krisen und bereitet auf einen Krisenfall vor. Krisen sind immer emotionale Momente. Dieses Kapitel gibt Ihnen einen roten Faden an die Hand, um auch unter großem Druck die richtigen Entscheidungen, richtigen Maßnahmen und die richtigen Worte zu finden (vgl. Herbst, 1999).

Input-Check – Wesentliche Inhalte

Krisen-PR ist ein wichtiger Bestandteil der Öffentlichkeitsarbeit. Eine Krise ist immer eine existenzielle Bedrohung für ein Unternehmen. Als PR-Mitarbeiter kommt es darauf an, extrem schnell und richtig zu reagieren. Die Öffentlichkeitsarbeit muss rasch von ihrer reagierenden Position zu einer agierenden Position wechseln, um den Verlauf des Informationsflusses mitbestimmen zu können. Der Überraschungsmoment einer Krise löst oft einen lähmenden Schock der Unternehmensführung aus. Krisenprävention hilft, diese Schockzustände zu überwinden und sich der Situation und der Öffentlichkeit zu stellen. Wer sich über seine Krisenpotenziale bewusst ist, kann Krisensituationen voraussehen, durchdenken und Gegenmaßnahmen planen. Im wirklichen Krisenfall hilft dann ein eingespieltes Krisenmanagement, die Situation zu bewältigen.

Krisen und Katastrophen lassen sich oft nicht vermeiden, sie passieren. Viele Krisen sind hausgemacht. Jedes Unternehmen birgt ein bestimmtes Katastrophenpotenzial. Wo Menschen arbeiten, gibt es immer auch ein Risiko. Jedoch liegt es an jedem Unternehmen selbst, dieses Risikopotenzial möglichst gering zu halten. Durch geeignete Präventionsmaßnahmen lassen sich jedoch mögliche Risikoherde bestimmen und reformieren. Auch regelmäßige Ernstfallübungen bereiten auf eine wirkliche Krise vor und sorgen für einen professionellen Umgang mit der Krisensituation.

Reminder!
Eine vorausgeahnte Krise ist nur noch eine halbe Krise.

Jedes Unternehmen verfügt über Schwachstellen. Hier entzünden sich plötzliche Krisenherde. Der PR-Beauftragte muss diese Schwachstellen kennen, um sich auf die potenziellen Krisen sinnvoll vorbereiten zu können.

Die Schwachstellenanalyse
Eine Analyse der möglichen Krisenherde im Unternehmen ist elementar wichtig. Um einen objektiven Blick auf die Schwachstellen eines Unternehmens werfen zu können, sollte die Analyse von einem externen Fachmann oder einer Person, die außerhalb des täglichen operativen Geschäfts liegt, durchgeführt werden (vgl. Schulz-Bruhdoel, 2003).

Reminder!
Eine externe Beurteilung von Handlungsabläufen ist meist etwas objektiver und klarer. Wer zu eng im operativen Geschäft tätig ist, agiert oft betriebsblind.

Sind dem Öffentlichkeitsbeauftragten die Schwachstellen bekannt, kann er hypothetische Szenarien entwickeln. Er kann zu allen Schwachpunkten Konzepte erarbeiten, indem er sich in die Rolle eines Journalisten versetzt.

Quick-Tipp!
Das Durchspielen einer Interviewsituation in verschiedenen Krisensituationen ist eine gute Vorbereitung auf den Ernstfall!

Die Bildung eines Krisenstabes
In einer Krise muss schnell gehandelt werden. Die Bildung eines Krisenstabes schafft eine funktionierende Kommunikations- und Kommandostruktur, die im Krisenfall schnell eingreifen kann und so oft Schlimmeres verhindert. Wer in einem solchen Krisenstab mitwirken sollte, ergibt sich aus der spezifischen Firmenstruktur.

Quick-Tipp!
Die Mitglieder eines Krisenstabes sollten die Übersicht und die Autorität über das gesamte Unternehmen haben.

Die Mitglieder sollten eine natürliche Autorität ausstrahlen und diese auch im Krisenfall sinnvoll einsetzen können, denn Kompetenzgerangel in einer Krisensituation ist absolut kontraproduktiv. Dennoch sollte ein Krisenstab so klein wie möglich sein, um seine Kommunikationsstruktur so direkt wie möglich zu gestalten. Wichtig ist auch, dass jedes Mitglied des Krisenstabes seine spezifischen Aufgaben im Katastrophenfall kennt.

Praxis-Check – Die Bildung eines Krisenstabes

Die St. Johannes Krankenhaus GmbH hat folgenden Krisenstab berufen:

Manfred Gaworski, als Geschäftsführer des Krankenhauses sollte er der alleinige Sprecher des Unternehmens sein.

Hans-Peter Jakult, Öffentlichkeitsbeauftragter, der die Medien betreut und in Absprache mit dem Krisenstab regelmäßige Presseerklärungen herausgibt.

Pressekonferenzen plant Elisabeth Reichelt, die als Pflegedienstleitung gemeinsam mit der betroffenen Stationsleitung Andrea Höltken-Schnabel die interne Kommunikation und Abwicklung der Krise mit den Mitarbeitern aus dem Pflegebereich betreut.

Bärbel Kaltenbach als QM-Beauftragte, die über die Einhaltung des Krisenhandbuches wacht und gemeinsam mit dem Öffentlichkeitsbeauftragten die Pressemitteilungen verfasst.

Rechtsanwalt Frank Edel, der die juristische Seite der Krise beleuchtet und die beschlossenen Maßnahmen auf ihre juristischen Folgen analysiert.

Bob Walkowiak, der als Leiter der Technik die technischen Möglichkeiten für eine Pressekonferenz herstellt, die technische Seite der Krisensituation absichert (Unterstützung der Hilfseinheiten usw.).

Der Seelsorger Benedikt Seelenruh betreut die Betroffenen und ihre Angehörigen.

Der ärztliche Leiter Prof. Dr. Semmelrot steht als zweiter Sprecher im Krisenfall für Spezialistenstatements zur Verfügung und ist der Stellvertreter von Manfred Gaworski. Außerdem koordiniert er die ärztlichen Maßnahmen im Krisenfall.

Abb. 5: Der Krisenstab

Je kleiner ein Unternehmen ist, desto kleiner sollte auch der Krisenstab sein. Ein ambulanter Pflegedienst verfügt sicherlich sehr selten über einen technischen Leiter oder einen eigenen Seelsorger. Auch der Krisenstab eines kleinen Unternehmens muss jedoch alle operativen Felder der Firma abdecken und eine klare Aufgabenverteilung besitzen, damit klar ist, wer im Krisenfall was macht. Mittelständische und kleine Unternehmen sollten sich von PR-Profis beraten lassen. Sie helfen bei der Konzeption einer Krisenprävention und unterstützen die Unternehmensleitung im Krisenfall.

Quick-Tipp!
Die Beratung eines externen PR-Profis fällt viel effektiver aus, wenn sie vor einer Krise stattfindet. Auch ein Profi muss sich im Krisenfall zunächst ein Bild von dem Unternehmen verschaffen. Das kostet Zeit, die im Krisenfall sehr kostbar ist oder gar nicht zur Verfügung steht.

Das Erstellen eines Krisenleitfadens sollte die erste Amtshandlung eines Krisenstabes sein.

Der Krisenleitfaden

Ein Krisenleitfaden beinhaltet alle Strukturen, die im Falle einer Katastrophe aktiviert werden müssen. Ein Krisenleitfaden gibt die Richtlinien vor, die das Handeln in einer Krise bestimmen. Ein Katastrophenhandbuch regelt, wer was tun muss und welche Kommunikationsstruktur eingehalten werden muss.

Reminder!
Ein Krisenleitfaden kann nur so konkret sein wie die Schwachstellenanalyse.

Eine genaue Stärken-Schwächen-Analyse ermöglicht hypothetische Szenarien, auf deren Grundlage der Maßnahmenkatalog konzipiert werden kann. Erfahrungsgemäß sollte ein Reaktionsleitfaden jedoch nicht über einen gewissen Umfang hinausgehen, denn niemand hat im Krisenfall die Zeit, einen Gesetzestext-Katalog durchzuwälzen.

Reminder!
Wichtigste Regel eines Leitfaden ist die Grundregel: Wer macht was, wo und wann.

Darüber hinaus sollte der Leitfaden eine Telefonliste beinhalten mit den wichtigsten Telefonnummern, z. B. Polizei, Feuerwehr, Medienvertreter, des Krisenstabes, der zuständigen Seelsorger.

> **Quick-Tipp!**
> Hilfreich ist eine Krisencheckliste, die jeden Mitarbeiter im
> Falle einer Krise anleitet, die richtigen Maßnahmen zur
> richtigen Zeit zu ergreifen.

Eine Krisencheckliste für Mitarbeiter sollte auf jeden Fall die
Telefonnummern des Krisenstabes beinhalten. Zusätzlich kann
ein Katalog für die Erstversorgung ergänzt werden. Das sind
dann erste Maßnahmen im Feuerfall oder einer ähnlichen Katastrophe.

> **Reminder!**
> Wichtigster Grundsatz für die PR-Arbeit im Krisenfall ist es,
> durch rasches, kompetentes Informationsmanagement weg
> von der Reaktion hin zur Aktion zu gelangen, um so den Ein-
> fluss auf die Berichterstattung zurückzugewinnen. Hierbei
> sind vorbereitete Verhaltenskataloge sehr hilfreich.

4.2 Krisenmanagement

Eine Krisensituation hat viele Ursachen. Jeder Krisentyp wird in
der Öffentlichkeit anders wahrgenommen und muss daher von
der Öffentlichkeitsarbeit anders betrachtet werden. Gerät ein
Pflegebetrieb in den Verdacht, für den Tod seiner Kunden
verantwortlich zu sein, dann begleitet diese Krise eine hohe
emotionale Beteiligung in der Öffentlichkeit. Muss ein Pflegeunternehmen wegen eines unrentablen Managements schlie-
ßen und die Mitarbeiter sind von der Arbeitslosigkeit bedroht,
so wird das in der Öffentlichkeit weniger emotional wahrgenommen. Es sind ja nur Kündigungen und eine Pflegekraft

findet in Pflegenotstandszeiten sicherlich schnell neue Beschäftigung.

Man kann verschiedene Krisentypen voneinander unterscheiden, die so oder ähnlich immer wieder auftreten.

Die häufigsten Krisentypen

- Menschliches Versagen (z. B. ärztlicher Kunstfehler, falsche Medikationsgabe, fahrlässige Pflege, unsteriles Arbeiten, fahrlässige Bedienung von Technik, Arbeiten unter Drogen wie Alkohol oder Medikamenten)
- Technischer Defekt (z. B. Feuer, Sauerstoffleitung defekt, allgemeine Defekte von technischen Arbeitsmitteln wie Beatmungsmaschinen, Pflegefahrzeugen, Klimaanlagen, Fahrstühlen, Eingangsdrehtüren)
- Kriminelles Handeln – ist auch ein menschliches Fehlverhalten, geschieht jedoch nicht fahrlässig, sondern bewusst (z. B. Diebstahl, Sterbehilfe, Mord, Betrug wie zum Beispiel Abrechnung von nicht erbrachten Leistungen)
- Produktbezogene Krisen (z. B. schadhafte Silikonimplantate, unwirksame Medikamente, fehlerhafte Luftfilter)
- Absatzkrise (fehlende Kunden, unrentables Arbeiten)
- Unternehmenskrise (Schließung von Abteilungen, des gesamten Unternehmens)
- Arbeitnehmerbezogene Krisen (z. B. Streik der Mitarbeiter)

Obwohl die verschiedenen Krisentypen recht konkret potenzielle Krisenherde beschreiben und so eine Prävention oder Reformation der Schwachstelle möglich machen sollten, treten Krisen meist plötzlich auf. Der Überraschungsmoment einer akuten Katastrophe lähmt die Beteiligten und steht einer erfolgreichen Krisenintervention im Weg. Man kann acht typische Krisenstufen unterscheiden, die ein Unternehmen durchläuft (vgl. Schulz- Bruhdoel, 2003).

Die acht typischen Krisenstufen

- Überraschung, Schock
- Mangelnde Informationssituation und Hektik
- Eskalation der Ereignisse (Medien enthüllen immer mehr)
- Verlust der Kontrolle über die Situation (Medien fragen nicht mehr nach, recherchieren extern)
- Verlust der Unterstützung von außen (Mitarbeiter, Partner, Branche)
- Belagerungsgefühl stellt sich ein – allein gegen alle
- Panik und Existenzangst
- Kurzschlussreaktionen statt überlegter Lösungsoptionen

Die Krise kommt überraschend und plötzlich. Daher ist eine situative Hektik aus der Angst heraus nachvollziehbar und natürlich. Doch besonders in dieser Situation ist geplantes Handeln wichtig für die Krisenbewältigung. Eine schlechte Organisation im Katastrophenfall verschlimmert das Problem immer.

Die Öffentlichkeitsarbeit im Krisenfall orientiert sich an folgenden vier Kommunikationsregeln:

- Eine sachliche Informationsstruktur ergibt sich aus klaren Lösungsoptionen, um die Krise zu beenden
- Krisen lösen sich selten durch gute Leitung – das kreative Handeln der operativen Basis schafft die Wende
- Interne Öffentlichkeitsarbeit im Krisenfall ist elementar, denn alle Mitarbeiter werden in der Katastrophe zu Kommunikatoren
- Sachverstand und Kreativität lösen die Probleme auf der operativen Ebene. Präsenz und Reue der Unternehmensleitung, lösen als symbolische Handlungen die Probleme auf medialer Ebene

Schalten sich die Medien in eine Krise ein, spitzt sich die Gesamtsituation für ein Unternehmen zu. Die Medienvertreter drängen auf Offenlegung aller Fakten und sind selten mit den erhaltenen Informationen zufrieden. Dieses Misstrauen ist meist aus der Erfahrung der Medienmacher entstanden, dass sie nur einen kleinen Teil der Wahrheit mitgeteilt bekommen.

Medien konzentrieren sich hauptsächlich auf drei Faktoren einer Krise
- Was ist passiert?
- Wer ist verantwortlich?
- Welche Konsequenzen und Maßnahmen werden ergriffen, um eine Wiederholung zu vermeiden?

Auch im Krisenfall gilt die Maxime, dass die Öffentlichkeitsarbeit im eigenen Unternehmen und bei den eigenen Mitarbeitern beginnt. Das bedeutet neben der Informationspflicht gegenüber der Belegschaft vor allem auch deren Schutz. Oft geraten Mitarbeiter in den Fokus der Verdächtigungen. In diesem Fall sollte sich das Unternehmen schützend vor seine Belegschaft stellen. Solange nicht die Schuld eines Mitarbeiters zweifelsfrei bewiesen werden kann, sollte dieser Mitarbeiter auch vor der Öffentlichkeit als unschuldig gelten. Ein Unternehmen schadet sich mit schnellen Schuldzusprechungen nur selbst.

Quick-Tipp!
Mit einer schnellen und offenen Informationspolitik schafft man Vertrauen und bekommt das »Heft des Handelns« wieder in die eigene Hand.

Im Falle einer Krise ist Schnelligkeit gefragt. Oft reichen die Informationen kaum für eine wirkliche Presseerklärung aus. Dennoch ist es wichtig, so schnell wie möglich die Öffentlichkeit – über die Medien – zu informieren. So ist man in einer aktiven Rolle gegenüber der Öffentlichkeit. Wer nur das bestätigt, was die Medienmacher selbst herausgefunden haben, schafft kein Vertrauen.

Die zwei ersten Regeln eines Unternehmenssprechers in der Krise
Betroffenheit und Mitgefühl für die Krisenopfer zeigen.
Nie einer eigentlichen Informationslage vorgreifen, indem man Vermutungen oder Wahrscheinlichkeiten äußert, die man dann in der nächsten Nachrichtensendung oder Tageszeitung als eigenzitierte Wahrheit wiederfinden kann.

Journalisten müssen neugierig sein. Das gehört zu ihrem Beruf. Sie müssen auch kritische oder harte Fragen stellen. Wer offen und ehrlich mit Journalisten im Krisenfall umgeht, muss sich jedoch nicht alles gefallen lassen. Da Journalisten es gewöhnt sind, nur die Hälfte der Wahrheit mitgeteilt zu bekommen, machen sie sich am Krisenort gerne auf die Suche nach der anderen Hälfte. Der Öffentlichkeitsbeauftragte muss als Verbindungsmann der Medien also darauf achten, dass sich Journalisten nicht unbefugt am Ort einer Katastrophe umsehen und fotografieren oder Interviews führen.

Quick-Tipp!
Im Umgang mit neugierigen Journalisten ist Bestimmtheit, aber auch Zurückhaltung wichtig. Ein verbaler Schlagabtausch mit übereifrigen Medienvertretern ist sicherlich die falsche Methode, eine Vertrauensbasis aufzubauen.

Checkliste
Krisenmanagement

- Tiefe und ehrliche Betroffenheit darstellen, denn nur so akzeptiert die Öffentlichkeit einen weiteren Dialog.
- Die Medienvertreter müssen mit Offenheit und aktiver Informationsbereitschaft überzeugt werden.
- Nur durch eine aktive Informationspolitik gewinnt man die Kontrolle über die Berichterstattung in der Öffentlichkeit wieder und so über deren Inhalte.

4.3 Krisenstrategien

Tritt eine Krise ein, sucht das betroffene Unternehmen nach einer Strategie, die ihm hilft, möglichst unbeschädigt aus der Katastrophe herauszukommen. In der Unternehmenskultur gibt es Krisenstrategien, die zwar sehr beliebt, aber absolut kontraproduktiv sind.

Schlechte Krisenstrategien

- Das Aussitzen und Totschweigen von Krisen: »Kein Kommentar!«
- Der Gegenschlag gegenüber den Medien – man stellt sich als Verleumdungsopfer einer Medienhetzkampagne dar
- Das Relativieren und Rationalisieren der Krisenursache: »Das passiert doch überall!«

Die Medienmacher und somit auch die Öffentlichkeit im Dunkeln zu lassen über die Ereignisse bedeutet, die Öffentlichkeit zu ignorieren. Damit werden die Medienmacher nur zu noch genaueren Recherchen angehalten. Es wird viel mehr aufgedeckt als nötig. Gerüchten und Spekulationen in der Öffentlichkeit wird Tür und Tor geöffnet nach dem Motto: Keine Antwort ist auch eine Antwort. Sich dann als Opfer einer Medienkampagne darzustellen, verdreht die Situation. Das Einzige, was man damit erreicht, ist eine Solidarisierung anderer Medienschaffenden mit ihren Kollegen und eine neue Welle der Enthüllungen. Nicht die Medien verursachen die Krisen, sondern sie berichten über sie (vgl. Schulz-Bruhdoel, 2003). Das Relativieren einer Krise signalisiert eine gefährliche Einstellung zum Krisengeschehen. Besonders Boulevardmagazine und -zeitungen reagieren sehr sensibel auf den Versuch von Unternehmen, den Schaden der Betroffenen herunterzuspielen.

> **Reminder!**
> Die Glaubwürdigkeit einer Meldung hängt von ihrer Nachprüfbarkeit ab.

Das gilt besonders, wenn Menschen zu Schaden gekommen sind. Die Rationalisierung eines Problems bedeutet in der Regel die Abmilderung durch eine Expertenmeinung. Leider besteht die Öffentlichkeit aus vielen Experten. Es kostet die Medienschaffenden kaum Mühe, eine Gegenexpertise aufzustellen, die das Problem vielleicht noch gravierender darstellt als es in Wirklichkeit ist (vgl. Lambeck, 1992).

> **Reminder!**
> In einer Krisensituation gelten die Gebote der PR-Arbeit – Wahrheit und Authentizität zu vermitteln – besonders.

Die Öffentlichkeit und deren mediale Vertreter wollen ernst genommen werden. Katastrophen sind emotionale Momente, die auch von der Öffentlichkeit als solche wahrgenommen werden. Teile der Medien schüren diese Emotionen bei ihren Zuschauern oder Lesern noch durch besonders gefühlsbetonte Dokumentationen.

Die Öffentlichkeit will ihre Gefühle angesichts einer Katastrophe auch von den engsten Protagonisten der Krise gespiegelt bekommen. Ein Krankenhaussprecher, der nach einer verheerenden Explosion mit zwei Toten und vier Schwerverletzten von glücklicherweise geringen Kollateralschäden spricht, offenbart sich als unsensibel und menschenverachtend. Sicherlich hätte es in einem solchen Fall mehr Tote und Verletzte geben können. Die breite Öffentlichkeit fühlt mit den Opfern mit und erlebt einen Verantwortlichen, der keine Betroffenheit, sogar Erleichterung äußert. Hier kann sich sogar eine gesamte Öffentlichkeit in ihren Gefühlen verletzt fühlen. Ein daraus resultierender Imageschaden ist selten zu beheben.

> **Reminder!**
> Gerade Krisen und Katastrophen in Krankenhäusern, Pflegeheimen, ambulanten Pflegediensten sind meist mit Personenschäden verbunden und schüren daher besonders große Emotionen.

Hier ist es zunächst besonders wichtig, eine richtige Haltung gegenüber der Situation einzunehmen. Jede Krisensituation krankt zunächst an einer gewissen Tatsachenarmut. Wer keine Fakten präsentieren kann, sollte zumindest Gefühle zeigen können. Dabei ist vor allem eine echte Betroffenheit gefragt. Das sollte sich in der Bewertung der Krisensituation genauso widerspiegeln wie im gesamten kommunikativen Prozess mit der Öffentlichkeit.

> **Quick-Tipp!**
> Das Mitgefühl gegenüber Betroffenen muss auch vor Ort dargestellt werden. Ein *Kommunikee* über eine tiefe Anteilnahme vom Rand des Swimmingpools oder des Feriendomizils wirkt schnell unglaubwürdig.

Eine Krisensituation verlangt echte Anteilnahme und Präsenz. Ein Fernbleiben von wichtigen Entscheidungsträgern wird als mangelnde Anteilnahme und Missachtung der Betroffenen empfunden und dann auch so kommuniziert. Obwohl die Kommunikation von Betroffenheit und Anteilnahme zu den ersten Aufgaben der Öffentlichkeitsarbeit im Krisenfall zählt, liegt ihre Hauptaufgabe genau im Gegenteil. Ihr Ziel muss es sein, über die Kontrolle über die öffentliche Meinung wiederzuerlangen. Dies kann nur über einen Dialog gelingen, dessen Inhalte aus der offenen Informationspolitik des Unternehmens gespeist sind. Ein Dialog ist ein Austausch von Fakten und Argumenten. Diese Kehrtwende ist äußerst schwierig. Wenn die Krisen-PR es schafft, mit der Öffentlichkeit in einen sachlichen Dialog zu treten, können Krisen ohne großen Imageschaden abgewendet werden.

4.4 Das öffentliche Auftreten im Krisenfall

Der Öffentlichkeitsbeauftragte muss in der Krise einen kühlen Kopf behalten und wohl überlegt handeln. Das beginnt bereits bei der Wahl seiner Kleidung. Die Öffentlichkeit fühlt sich in ihren Gefühlen verletzt, wenn ein Firmensprecher im hellen

Anzug mit bunter Krawatte über einen Todesfall spricht. Ein Pressesprecher sollte also immer eine angemessene Kleidung für den Katastrophenfall parat haben.

> **Reminder!**
> Ein Krisensprecher darf niemals vergessen, dass er sich indirekt an die Betroffenen wendet, wenn er mit den Medienvertretern spricht.

Checkliste
Der öffentliche Auftritt im Krisenfall
- Information der Mitarbeiter vor Information der Öffentlichkeit
- Zeigen von ehrlichem Mitgefühl
- Beschreibung der Krisensituation in einfachen allgemein verständlichen Worten
- Verfassen einer schriftlichen Erklärung über Art der Krise
- Darlegung der unternommenen Maßnahmen
- Aufzeigen, wie die Krise in Zukunft verhindert werden kann
- Unterlassen von Ursachenspekulationen und Schuldzuweisungen/-eingeständnissen
- Antworten immer klar darlegen oder Gründe für Nichtbeantwortung nennen
- Unterlassen von ausweichenden Antworten, die auf Verdunkelung von Tatsachen hindeuten
- Ankündigung über aktuelle Informationsweitergabe
- Informationen unaufgefordert weitergeben

Der schnellste Informationsweg ist das Telefon. Trotz aller gebotenen Eile ist es ratsam, dieses Telefongespräch vorzubereiten. Dabei reicht es aus, die Kernaussagen stichpunktartig aufzulisten. Die Gliederung hilft, das Gespräch sachlich und tatsachenorientiert zu halten (vgl. Aberle & Baumert, 2002).

Nach der mündlichen Information sollte auf jeden Fall noch eine schriftliche Information folgen. Eine Pressemitteilung per Fax, E-Mail oder Internet gibt der Information den notwendigen offiziellen Anschein.

Mündliche Erklärungen sind oft ungenau und für einen Medienvertreter schwierig zu rekonstruieren. Oft werden dann Informationen sachlich falsch weiterverarbeitet. Eine schrift-liche Erklärung schafft Klarheit auch für ihren Verfasser. Die Fakten sind eindeutig zu überblicken und die Interpretations-möglichkeiten für den Adressaten sind sehr gering.

Die Rolle des Sprechers in der Krise
Ein Krisensprecher muss seinen Gesprächspartnern vermitteln, dass er der kompetente Ansprechpartner und zugleich Informa-tionsquelle ist. Glaubwürdigkeit ist das oberste Gebot in dieser Situation. Eine Person, die generell zu Nervosität neigt und Schwierigkeiten hat, unter Druck vor anderen Menschen, Blitz-lichtern, Kameraobjektiven zu sprechen, ist sicherlich die fal-sche Wahl. Ruhe und Souveränität im Interview sind absolut er-forderlich. Daher bietet es sich manchmal an, dass der Sprecher nicht aus dem operativen Geschehen der Unternehmen kommt, sondern dessen Rechtsbeistand oder ein externer PR-Profi ist. Außerdem verfügen Rechtsbeistände und PR-Profis über viel Erfahrung im freien Formulieren vor Publikum.

Quick-Tipp!

Externe Sprecher sind nicht so sehr von der Angst und der Überraschung einer Krisensituation gefangen wie unmittelbar beteiligte Personen.

Things to do:

Eine Krise kann vorbereitet werden.

- Der PR-Berater empfiehlt: »*Analysieren Sie Ihre Firma nach Schwachstellen. Bilden Sie einen Krisenstab, verfassen Sie einen Krisenleitfaden.*«

Eine Krise kommt oft überraschend und die Öffentlichkeit und ihre Medienvertreter zwingen ein Unternehmen darauf zu reagieren.

- Der PR-Berater empfiehlt: »*Seien Sie offen und informieren Sie die Öffentlichkeit. Agieren Sie durch Informieren. So gewinnen Sie die Kontrolle zurück.*«

Die Öffentlichkeit nimmt an Krisensituationen großen Anteil.

- Der PR-Berater empfiehlt: »*Zeigen Sie Ihre Betroffenheit und demonstrieren Sie gegenüber den Medien Ihren Willen zur Zusammenarbeit.*«

Quick-Check

- Welche potenziellen Krisenherde können Sie in Ihrem Unternehmen erkennen?
- Wer macht was im Krisenfall?
- Gibt es einen Leitfaden für Krisenfälle?
- Welche Krisenstrategie verfolgen Sie?

Kapitel 5:
Fazit

Öffentlichkeitsarbeit ist die Pflege der öffentlichen Meinung über ein Unternehmen. PR-Arbeit ist die Einladung zum Dialog mit Anderen, mit der Öffentlichkeit. Wer in diesen Dialog tritt, sollte über sich selbst Bescheid wissen. Er sollte seine Ziele klar vor Augen haben. Außerdem muss er seine Dialogpartner kennen. Denn nur wer weiß, wer er ist und wohin er will, der erkennt auch einen Weg, dorthin zu gelangen.

Vertrauen ist die Grundbasis, auf der ein Pflegeunternehmen erfolgreich arbeiten kann. Die Öffentlichkeitsarbeit vermag dieses Vertrauen aufzubauen. Anders als im Marketing oder in der Werbung verfolgt die Öffentlichkeitsarbeit langfristige Ziele. Authentizität und Wahrheit müssen auf diesem Weg die Leitmotive der Informationspolitik von Öffentlichkeitsarbeit sein.

Öffentlichkeitsarbeit ist kein Zufallsprodukt oder Hexerei. Wer erfolgreiche PR-Arbeit leisten will, muss bestimmte Spielregeln befolgen. Wenn PR-Arbeit die Öffentlichkeit erreichen will, muss sie die jeweilige Perspektive der avisierten Zielöffentlichkeit einnehmen.

Wer mit den Medien spricht, muss ihre Sprache sprechen, um mit ihnen kommunizieren zu können. Wer mit seinen Kunden spricht, sollte auch die Sprache der Kunden sprechen, um sie zu erreichen.

Die Planung und Durchführung von PR-Maßnahmen müssen aus dem Perspektivwinkel der jeweiligen Zielöffentlichkeit hinterfragt werden. Die entscheidende Frage dabei lautet: Was kann mein Unternehmen dem Adressaten Gutes tun?

Abb. 6: Ein guter Öffentlichkeitsmitarbeiter holt die Menschen dort ab, wo sie stehen

Glossar

Affront Kommt aus dem Französischen und bedeutet Angriff.

Audit Die Beurteilung der Wirksamkeit des Qualitätssicherungssystems oder seiner Elemente.

CI-Konzept Das Corporate Identity-Konzept beinhaltet alle Maßnahmen und Regeln zu Corporate Design, Communications und Behaviour.

Corporate Behaviour Die Außendarstellung eines Unternehmens durch die Mitarbeiter. Wichtiger Bestandteil des Corporate Behaviour ist das Beschwerdemanagement.

Corporate Communications Es umfasst sämtliche Instrumente der externen und internen Kommunikation eines Unternehmens. Es bildet das strategische Dach für das visuelle Erscheinungsbild, die Unternehmenswerbung, die Öffentlichkeitsarbeit sowie die Mitarbeiterkommunikation.

Corporate Design Regeln, die das visuelle Erscheinungsbild eines Unternehmens bestimmen. Dazu gehören Typografie, Logo, Farbcodes u. v. m.

Corporate Identity Ein strategisches Konzept zur Positionierung der Identität eines Unternehmens sowohl im eigenen Unternehmen als auch in der Unternehmensumwelt.

downgeloaded Downloaden bedeutet Kopieren von Daten (z. B. Bilder) aus dem Internet auf den eigenen Rechner.

forensisch Stammt von lat. Forum (= Marktplatz) ab, weil ursprünglich Gerichtsverfahren auf Marktplätzen abgehalten wurden. Das Attribut forensisch bezeichnet alles, was gerichtlichen Charakter hat. In einer forensischen Psychiatrie werden Straftäter mit anerkannter Schuldunfähigkeit (aufgrund psychischer Krankheit) verwahrt und behandelt.

gescrollt   Von scrollen: Einen Onlinetext auf dem Monitor nach oben oder unten bewegen.

Headline   Überschrift einer Nachricht, die das Interesse des Lesers wecken soll.

Hyperlinks   Verknüpfung mit einer weiteren Textseite im Internet.

Intros   Singular Intro: eine meist grafische Startsequenz einer Homepage.

Kommunikatoren   Dieser Begriff aus der Kommunikationswissenschaft bezeichnet den Sender (Nachrichtensprecher, Unternehmenssprecher, Gesprächspartner, Interviewpartner) einer Nachricht.

Kommunikee   Aus dem Französischen für Mitteilung.

Leporellofalz   Parallelfalz mit mehr als drei Blättern, die in wechselnden Richtungen (zickzack-artig) gefalzt sind.

Medienrezipient, auch Rezipient   Der Begriff aus der Kommunikationswissenschaft bezeichnet den Empfänger (Leser, Fernsehzuschauer, Radiohörer) einer Nachricht.

Multiplikatoren   Menschen, die im Sinne eines Unternehmens deren Angebote verbreiten.

Nominalstil   Bezeichnet Satzkonstruktionen, in denen weitgehend auf den Gebrauch von Vollverben verzichtet wird zu Gunsten von vielen Substantiven.

Opinion Leader (Meinungsführer) Mitglieder einer sozialen Gruppe, die für den Meinungsbildungsprozess eine besondere Stellung einnehmen.

Public Relations Englisch für Öffentlichkeitsarbeit.

Redigieren Das redaktionelle Überarbeiten von Texten.

Literaturverzeichnis

ABERLE, S. & BAUMERT, A. (2002). *Öffentlichkeitsarbeit*. Beck/ dtv: München.

DR. DOEBLIN WIRTSCHAFTSKOMMUNIKATION mbH (1998): *Wir' schaftsjournalisten und Internet*. Studie. Heroldberg

FÖRSTER, H.-P. (2003). *Corporate Wording*. F.A.Z.-Institut: Frankfurt a.M.

FRANCK, N. (2003). *Handbuch Presse- und Öffentlichkeitsarbeit*. Fischer: Frankfurt a. Main

HERBST, D. (1999). *Krisenmeistern durch PR. Ein Leitfaden für Kommunikationspraktiker*. Luchterhand: Neuwied.

HRUSKA, V. (1999). *Die Zeitungsnachricht, Information hat Vorrang* (3. Aufl.). ZV Zeitungs-Verlag Service: Bonn.

LAMBECK, A. (1992). *Die Krise bewältigen*. IMK: Frankfurt a.M.

LANGNER, I.; SCHULZ VON THUN, F. & TAUSCH, R. (1974). *Verständlichkeit in Schule, Verwaltung, Politik, Wissenschaft*. Reinhardt: München.

POPPER, K. (1971). *Wider die großen Worte. Ein Plädoyer für intellektuelle Redlichkeit*. Die Zeit, 24, 9.

SCHNEIDER, W. (2001). *Deutsch für Kenner. Die neue Stilkunde* (6. Aufl.) Piper: München

SCHULZ-BRUHDOEL, N. (2003). *Die PR- und Pressefibel*. F.A.Z.-Institut: Frankfurt a.M.

VON LA ROCHE, W. (2003). *Einführung in den praktischen Journalismus* (16. Aufl.). List: München.